Der Ausbau der wirtschaftlichen Einteilung des Wege- und Schneisennetzes im Walde.

Von

Otto Kaiser,

Regierungs- und Forstrat a. D.

Mit 16 Textfiguren und 14 lithographischen Tafeln.

Berlin.
Verlag von Julius Springer.
1904.

ISBN-13:978-3-642-89922-5 e-ISBN-13:978-3-642-91779-0
DOI: 10.1007/978-3-642-91779-0

Softcover reprint of the hardcover 1st edition 1904

Vorwort.

Zur „wirtschaftlichen Einteilung der Forsten in Verbindung mit der Wegnetzlegung" fehlt noch die Anleitung zur werktätigen Herstellung des Rahmens, der die einzelnen Abteile eines Waldes umschließt.

Ein guter Rahmen um unsere natürlichen Waldbilder erhöht nicht minder ihr Hervortreten und ihren Wert, als bei einem schönen Gemälde seine Einfassung.

Die meisten deutschen Schriftsteller über Waldwegebau haben die Gestaltung der Wege und ihren Ausbau zusammenbearbeitet, den ersten Teil mit kaum erforderlichem Aufwand an Mathematik belastet, den Ausbau aber stiefmütterlich behandelt, weil ihnen Vorbilder fehlten und sie selbst eigene Erfahrungen noch nicht genügend gesammelt hatten (s. Anm.).

Sie gehen auch nicht von dem unumstößlichen Gesichtspunkte aus, daß ein Waldwegnetz tatsächlich zwei gleichwichtige Zwecke ins Auge zu fassen hat, zunächst die Holzverbringung zu vermitteln und dann der Waldeinteilung zu dienen, welch letztere neben den natürlichen Grenzen durch nichts anderes dauernd besser zu befestigen ist, als durch ein unantastbares Wegnetz.

Der Bau eines guten Weges ist eigentlich überall, bei den öffentlichen Wegen, den Landstraßen und Landwegen, im Feld und im Wald so ziemlich derselbe.

Daß man bei ersteren im allgemeinen einen größeren Maßstab anlegt, auch die Wege zum Auffinden im Winter bei tiefem Schnee mit Bäumen aller Art bepflanzt, was man im Walde nicht nötig hat, auch des vermehrten Schattens halber absichtlich davon absieht, im

Feld möglichst die Seitengräben an den Wegen fortfallen läßt, um überall die Äcker unmittelbar erreichen zu können, das sind einzelne greifbare Unterschiede.

Aber bei allen Arten dürfen bezüglich ihrer Leitung und ihres Ausbaues die verschiedenen Hauptgesichtspunkte nicht außer acht gelassen werden.

Die ersteren sollen als Heerstraßen dienen, die großen Sammelpunkte, Städte und Dörfer, auf besten Linien verbinden, die Feldwege müssen die Feldlagen und die Kulturgrenzen möglichst berücksichtigen, und der Waldwegebau ist erst dann vollkommen, wenn er auf jede nur denkbare Weise nutzbar gestaltet wird: zur Einteilung, zur Holzverbringung, zum Aufstapeln der Hölzer, für Verhütung von Brandgefahr, zu Wirtschaftsstreifen, zur Verhütung des Überhanges auf nutzbares Gelände, usw.

Zum rascheren Verständnis mancher Ausführungen ist mit dem Zahlenwerk absichtlich so weit gegangen worden, damit auch der Forstlehrling der niederen Laufbahn sich selbst unterrichten kann.

Für die Anfertigung der Reinzeichnungen für diesen Teil, sowie auch für den ersten, durch meinen langjährigen Mitarbeiter, Herrn k. Förster Hees, sage ich an dieser Stelle meinen Dank. Ich werde auch dankend anerkennen, wenn ich auf unterlaufene Fehler in den vielen Zahlen, oder auf sonstige Verbesserungen von meinen Fachgenossen aufmerksam gemacht werde.

Anm. In Österreich scheint man denselben Weg zu gehen. Im Jahr 1898 ist bei Fr. Deutike in Leipzig und Wien eine „Waldwegebaukunde" von Jul. Marchet, Privatdozent für Waldwegebau an der k. k. Hochschule für Bodenkultur in Wien erschienen, die in ihrem 1. Band von 213 Seiten und 15 Tafeln auf 171 Seiten größtenteils niedere Geodäsie behandelt. Schon 1858 ist von Dr. Fr. Baur als Lehrer an der k. k. Forstlehranstalt Weißwasser in Böhmen eine Flächen- und Höhenmeßkunst erschienen.

Mit der Kritik setzt man sich dabei in Österreich aufs hohe Pferd!

So ist in der Land- und Forstwirtschaftlichen Unterrichtszeitung, Wien Heft III/IV 1902 und in der Österreichischen Forst- und Jagdzeitung 33, 1903 über meine „wirtschaftliche Einteilung der Forsten in Verbindung mit der Wegenetzlegung, Berlin 1902 bei Jul. Springer unter anderem gesagt: „das Werk enthält auch keinerlei Neuerungen oder Fortschritte hinsichtlich der Abgrenzung und Einteilung der Forste, die nicht schon von anderen Fachautoritäten gewürdigt worden wären".

Wer kritisiert, muß auch in dem Fache, über das er sich ein Urteil erlaubt, zu Hause sein!

Die Herrn ohne Namensnennung haben vergessen, daß ich in der Weltausstellung in Wien im Jahre 1873 durch meine Karte über Wegnetzlegung und wirtschaftliche

Einteilung der Oberförsterei Altenlotheim mit einer Druckschrift, die vergriffen, aber im 6. Band, 1. Heft der Zeitschrift für Forst und Jagdwesen von Dankelmann, Berlin, Verlag von Jul. Springer abgedruckt ist, zuerst in Österreich diesen Gegenstand angeregt habe. In dieser Schrift ist überhaupt zuerst der Satz aufgestellt: „Bei einer Waldeinteilung im Gebirge ist es das allein Richtige, wenn ein allgemeines, den Regeln der Kunst entsprechendes Wegnetz der Ausführung als Grundlage dient". Nebenbei bemerkt, ist mein Ausstellungsstück mit der Medaille für Mitarbeiter ausgezeichnet worden, und es hat die dortigen höheren forstlichen Kreise sehr interessiert, was mir während meiner dreiwöchentlichen Anwesenheit in Wien vielfach persönlich ausgesprochen worden ist.

Weil die Herrn Kritiker ihre Namen nicht genannt haben, bleibt mir nichts übrig, als die Sache hier zu beleuchten.

Trier, im Juli 1904.

O. Kaiser.

Inhalt.

Einleitung.

Eine auf einem richtigen Wegenetz ruhende wirtschaftliche Einteilung ist auch die erste Stufe zur Entwickelung eines zweckentsprechenden Waldwegebaues in unseren Forsten.

Es erwacht gleichsam eine erneute Schaffenskraft, die von der Zuversicht und der Sicherheit genährt wird, daß endlich die Zeit gekommen ist, in der keine Mühe, keine Arbeit und Geldausgabe für etwas Zweifelhaftes geopfert wird, sondern nur für Anlagen, welche der Waldwirtschaft immer höhere Einnahmen schaffen können und werden.

Wer, wie der Verfasser, volle 60 Jahre in der ersten Zeit die unendliche Mühe der Menschen und die Quälerei der Zugtiere hat ansehen müssen, wie die überalten, schweren ererbten Stämme der Vorzeit aus den Waldungen geschafft werden mußten, und machtlos diesem Zustand gegenüber stand, weil bei den kargen Einnahmen aus der Waldwirtschaft nicht einmal für eine kleine Verbesserung, geschweige für Neuanlagen Geld aufgewendet werden konnte, muß einen Fortschritt im Waldwegebau doppelt begrüßen.

Weil unter diesen traurigen Zuständen die einzelnen Glieder der Gemeinden in gleicher Weise zu leiden hatten, fing eine Besserung zuerst in den Gemeindewaldungen an, indem im Frondienste die unwegsamen Stellen einigermaßen, oft mit Holzeinbau, ausgebessert wurden. Erst nach und nach wurde in den Staatswaldungen Geld für Wegeverbesserungen bewilligt.

Aber diese Geldverwendungen auf schlecht geleitete Wege oder solche mit unhaltbaren Steigungen mußten zu oft jedem Einsichtigen gewissermaßen als eine Geldvergeudung erscheinen, weil sie häufig nur einem augenblicklich unabweisbaren Bedürfnis dienten und nicht auf die Dauer bessere Wegverhältnisse herbeizuführen im stande waren.

Die allgemeine Anteilnahme der deutschen Forstleute an der Ausbildung der Wegenetzlegung im Gebirge auf mathematischer Grundlage in den letzten 4 Jahrzehnten des 19. Jahrhunderts, welche Dr. Borggreve in seiner Forstabschätzung von 1888 als den modernen Furor viaticus zu kennzeichnen beliebte, hat nach dieser Richtung hin eine Wandlung zum Besseren herbeigeführt und darf wohl nach diesem vermeintlichen Sturme als ein Lichtstrahl in den dunklen Forsten erscheinen.

An einzelnen forstlichen Hochschulen wurde der Waldwegebau als Lehrgegenstand erst spät eingefügt, lange Zeit gehörte er zu den Sachen, auf welche weder der Forstbeflissene, noch das Prüfungspersonal viel Gewicht legten.

Die wissenschaftliche Behandlung dieses Stoffes hielt zwar im allgemeinen ziemlich gleichen Schritt mit dem Aufschwung des Verkehrswesens, aber ein werktätiger Fortschritt in der Ausführung im Walde hängt noch zu viel von einzelnen Persönlichkeiten ab.

Ein regelrecht und gut ausgebautes Weg- und Schneisennetz:

- schafft durch zulässig kürzeste Verbindungen der Erzeugungs- und Verbrauchsorte guten Aufschluß des Waldes,
- erweitert dadurch das Absatzgebiet,
- erleichtert die Holzverbringung im Walde,
- fördert zeitige Räumung der Schläge,
- liefert die vorteilhaftesten Grenzen der Abteilungen,
- schränkt dadurch den Nichtholzboden nach Möglichkeit ein,
- ermöglicht die Schonung des Zugviehes,
- erspart Zug- und Arbeitskraft,
- verringert die Kosten für Schiff und Geschirr,
- dient dem Forstschutz und Jagdbetrieb,
- vermindert die Feuersgefahr im Walde,
- gibt ein gutes Beispiel für unverkoppelte Feldmarken,
- trägt zur Ordnung und Waldschönheit bei,
- erhöht die Holzpreise und unter gewissen Voraussetzungen auch den Reinertrag der Forsten.

Den Reinertrag wird ein solches Weg- und Schneisennetz nur dann mit Sicherheit erhöhen, wenn bei den hohen Kosten für seine

Ausführung und Unterhaltung sämtliche Beamten ohne Ausnahme diesem wichtigen und unabweisbaren Zubehör der Waldwirtschaft die eingehendste Mitwirkung nicht versagen werden.

Doch der Segen kommt von oben! Darum dürften vor allem ausgiebige Ausführungsbestimmungen am ehesten zum Ziele führen.

In erster Linie fehlt noch der Schutz für die „wirtschaftliche Einteilung und Wegenetzlung", darin bestehend, daß Abänderungen an den genehmigten Plänen, wie sie heute noch täglich beliebt werden, nur durch die Behörden, welche sie gefertigt und genehmigt haben, begutachtet und verfügt werden können.

Um auch den zur Zeit noch andauernden planlosen Wegebau ein für allemal zu beseitigen, dürften Bestimmungen über die Grundformen der Wegkörper, über ihre Erhöhung, über die Breite der Fahrbahnen und Fußbahnen, über das Mindestmaß der zu verwendenden Baustoffe bei den zwei verschiedenen Arten der Steinschlagbahnen für das Längemeter, auch über Verhütung von Wasserschäden und die volle Benutzung des Wassers zur Förderung der Bodenfrische zu erlassen sein.

Die Breite der Gräben bei Wegen der Ebene kann nicht ohne örtliche Ermittelung vorgeschrieben werden, sie hängt ab von dem Zustand der Bodenoberfläche und dem zu bestimmenden Maß der vorzunehmenden Erhöhung der Wegkörper.

Ferner würde es den Wegebau in wirtschaftlich richtige Bahnen leiten und die fortdauernde, geldverschlingende sog. Unterhaltung auf den möglichsten Tiefpunkt bringen, wenn die Mittel für den Wegebau von dem übrigen Kulturgeld getrennt, mit dem Geldanteil für die öffentlichen Landwege im Walde vereinigt, und diese Mittel für einen gewissen Zeitraum unwiderruflich festgesetzt werden könnten, damit die Forstverwaltung endlich dazu käme, sich einen festen Arbeiterstand, wie ihn das kleinste Gewerbe, um zu gedeihen, besitzen muß, beschaffen und erhalten könnte.

Die Waldarbeiterfrage hat sich jetzt schon in der Nähe der Industrie-Bezirke zu einer unheilvollen Lage gestaltet. Abgesehen davon, daß junge Leute das Geschäft eines Waldarbeiters gar nicht mehr erlernen wollen, daß also die Zeit kommen muß, in welcher Leute mit mangelndem Verständnis für die Waldgeschäfte angenommen werden müssen, werden sich die Löhne mit Naturnotwendigkeit steigern und auch die erforderliche Zahl der Arbeiter wird fehlen, wenn für diese nicht dieselben Kassen gebildet werden, wie sie für die Bergarbeiter schon längere Zeit auf gesetzlicher Grundlage bestehen.

Auch für den Wegebau ist ein kleiner Stamm ständiger und geschulter Arbeiter Bedürfnis zu einer gedeihlichen Entwickelung.

Aber auch die bisherigen Wegebaumittel sind für den kommenden ersten Zeitabschnitt unzureichend [1]). Ungenügende Geldmittel veranlassen zu ungenügenden halben Ausführungen, und diese sind wieder die Quelle zu größeren Ausgaben für ein und dieselbe Sache.

Die fruchtbringenden Gewerbe eines Staates, wie der Eisenbahnbetrieb, der Bergbau, die Forstwirtschaft usw. dürfen bei den Ausgaben, welche zu ihrer Erhaltung und ihrem Gedeihen erforderlich sind, nicht von den Schwankungen in den Staatseinnahmen beeinflußt, bezw. verschlechtert werden. Die beiden Ersten haben auch weniger hierunter zu leiden, aber bei der Eigenart des Forstbetriebes lassen sich die ungünstigen Wirkungen nicht sofort erkennen, sie sind jedoch deshalb nicht geringer.

Die Vergleiche von Wald, der seit etwa 50 Jahren regelrecht behandelt worden ist, mit einem solchen, dem eine geringere Fürsorge und Pflege beschieden war, bestätigen die Wahrheit des Gesagten (exempla sunt odiosa).

Das 19. Jahrhundert muß als dasjenige bezeichnet werden, in welchem sich die Waldwirtschaftslehre, die im 18. Jahrhundert sich langsam aber stetig entwickelte, zu einer Wissenschaft herausgebildet hat.

Während dieser Zeit haben in Preußen die technischen Kräfte bei den Ausbildungsvorschriften nichts versäumt, sie sind sogar andern Staaten vorangegangen; aber bei der Einreihung des jungen Faches in die staatliche Oberleitung hat es zu oft Wechselfälle erleben müssen, und in keiner Lage die Großjährigkeit und Mündigkeit erlangt, um über seine eigenen Bedürfnisse voll verfügen zu können.

---

[1]) Nach den statistischen Zusammenstellungen in den „Mitteilungen des Deutschen Forstvereins“ V. Jahrgang Nr. 2 von Professor Dr. Schwappach betrugen im Jahre 1902 die Baukosten für Wege, Triftanlagen und Waldbahnen für das ha Holzboden in den Staatswaldungen in:

Preußen	1,68	Mark
Baden	6,00	„
Sachsen	4,00	„
Württemberg	3,80	„
Sachsen-Weimar	3,20	„
Braunschweig	3,30	„

Friedrich der Große hatte 1771 dem Fache einen eigenen Minister gegeben, aber nach seinem Tode wurde die Staatsforstverwaltung eine Abteilung des General-Direktoriums, kam 1813 unter den Schutz des Finanzministers, bei dem sie durch die zu weit gehende Befolgung der Adam Smithschen Lehre etwa 300000 ha Waldfläche einbüßte, wurde in den 30er Jahren dem Minister des Königlichen Hauses unterstellt, kam Ende der 40er Jahre zum zweitenmal in den Bereich des Finanzministers und hat erst in der Neuzeit ihre Ruhestätte in dem Geschäftskreis der Landwirtschaftsminister gefunden, ohne das Damoklesschwert des Finanzministers über ihrem Haupte zu verlieren.

Es ist ein eigentümliches Verhängnis, daß dem Forstfach der ihm von dem weisen König zuerkannte eigene Fachminister nicht verblieben ist.

Einem Fache, das zu seiner Ausbildung ein tiefes Eingehen in alle naturwissenschaftlichen Gebiete erfordert und ohne dieses ohnmächtig vor seinen wichtigsten Grundfragen steht, hätte wahrlich diese Fürsorge gebührt.

Seine Entwickelung hätte sich ohne Zweifel rascher vollzogen und eingehender gestaltet, den Gemeinde-, Stiftungs- und Privatwaldungen hätte es zweifellos auch zum Vorteil gereicht.

Schon bei dem einfachen Geschäft der Wegenetzlegung im Walde wurde die mangelnde Ausstattung des Forstfaches, gegenüber den ziemlich gleichstehenden Fächern, dem Baufach, der Eisenbahnverwaltung und dem Bergfache fühlbar, indem ihm allein vor diesen technischen Fächern das Recht der Enteignung von Grund und Boden fehlt.

Wenn der ärmste Mensch mit seiner Hände Arbeit irgend ein bauwürdiges Mineral erschürft, dann steht ihm zur Erwerbung des erforderlichen fremden Bodens das dem Bergfach verliehene Recht der Enteignung zur Seite.

Die Forstverwaltung, welche nur aus Gründen des öffentlichen und allgemeinen Wohles arbeitet, dem Staate Millionen Reinertrag bringt, vielfach eine wichtige Quelle für die Gemeinde-Haushalte, für Stiftungen usw. ist, hat mangels dieses Rechtes für die Erwerbung zahlreicher Hindernisse und Ausgänge auf die öffentlichen Wege und Straßen erhebliche Geldbeträge zahlen müssen, meistens das Vielfache des wirklichen Wertes, und war noch genötigt, manchen günstigen Plan aufzugeben, weil die Eigentümer unvernünftige Forderungen stellten.

I. Abschnitt.

Die Regelung der Wasserbewegung als Vorarbeit zum Ausbau der Wege und Schneisen.

Im gebirgigen Waldgelände soll man nicht eher größere Wegnetze ausbauen, bevor man die Wasserbewegung eines wasserwirtschaftlich zusammengehörigen Bezirkes geprüft und sie gegebenen Falles, soweit als nötig, zweckmäßig und tunlich ist, geregelt hat.

Im Naturzustande geben die Quellen, die kleinen und größeren Fließe ihr Wasser, wenn es nicht unmittelbar von bestehenden Wasserläufen aufgenommen wird, in den Linien des größten Gefälles vom Ursprung oder von den Sammelpunkten an, ab, wodurch auch heute noch neben den bestehenden Tälern Muldenbildungen und auch neue Wasserwege geschaffen werden. (Beispiele findet man in allen größeren Gebirgsforsten.)

Nur durch eine Regelung der Wasserbewegung können derartige Vorkommnisse verhütet, wahrscheinlich auch mancher unnötige Durchlaß beim Wegebau erspart bleiben.

Zu dem Zweck ist vor dem Ausbau der Wege eines Reviers, oder einer Försterei oder auch einer Abteilung festzustellen, ob Quellen, Rinnsale oder Wasserläufe vorhanden sind, welche einer Regelung bedürfen.

Bei ständigen Quellen, wenn sie noch nicht genügend aufgeschlossen sind, ist durch Nachgraben zu untersuchen, ob ihr Austritt nicht unterdrückt war. An der geeignetsten Stelle ist dann eine entsprechende Vertiefung auszuformen und der Austritt durch Umlegen mit Steinen zu sichern.

Auch schwache Quellen verursachen häufig, wenn ihr Verlauf sich noch im Urzustand befindet, Sättigungen und Übersättigungen des

Bodens mit Wasser, sog. Wassergallen und auch Versumpfungen. Oft sind diese Quellen und ihr Lauf bisher nicht weiter beachtet und, wenn sie auf Wege stießen, ist auch ihretwegen ein Durchlaß gebaut worden, wodurch in der unterliegenden Abteilung dieselben Zustände hervorgerufen bzw. belassen wurden.

Der Holzwuchs ist gewöhnlich nur seitlich des ersten Verlaufes der Quelle ein besserer, als die entferntere Angrenzung, sobald aber eine Entartung des Bodens durch Übersättigung mit Wasser eintritt, äußert sie sich auch ungünstig am Holzbestand.

Durch seitliche Ableitung der Quellen mittelst kleiner Gräben mit geringer Neigung — 0,5% bis 2%, nie mehr, als zur Fortführung nötig — kommt die vorhandene Wassermenge einer größeren Fläche zugute, die Bodenübersättigung im bisherigen Lauf wird beseitigt und vielleicht auch ein Durchlaß erspart. In den meisten Fällen erschöpfen sich solche Quellen bei längerer Fortführung, anderenfalls werden sie dem nächsten Wasserlauf zugeführt.

Besonders den sog. Hungerquellen, welche im Frühjahr und Sommer versiegen, aber in der nassen Jahreszeit und bei Schneeabgang um so stärkere Wassermengen liefern, soll man stete Aufmerksamkeit widmen, denn sie sind es, welche mit dem Auslauf von Bruchstellen vereinigt, großen Bodenraub verursachen und Verunstaltungen im Gelände herbeiführen können.

Zur Verhütung solcher Schäden muß man erwägen, welche Ableitungen zu treffen sind, am besten solche, dem gewöhnlichen Ablauf entgegen, wodurch weitere Wege für den Wasserablauf erzielt werden können.

In größeren und höheren Gebirgsbildungen treten in den Abhängen der Köpfe und Rücken gewöhnlich Wasseradern und Quellen zutage, deren jetziger Verlauf auf seine Einwirkungen genau zu untersuchen ist.

Die Bewegung dieser Wassermengen hat ohne Zweifel im Laufe der Zeit einen Teil der heutigen kleinen Talbildungen und Mulden selbst veranlaßt.

Nicht selten findet man, daß in solchen Tälchen bei Hochwasser in dem einen die Wassermassen Auskolkung und Bodenentführung verursachen, in den seitlichen Nachbartälchen nicht. Durch geeignete Leitungen und entsprechende Verteilungen am Austritt dieser Wasseradern ist es oft mit geringen Mitteln möglich, solche schadenbringende Unterschiede dauernd auszugleichen.

Hat eine obere Verteilung nicht genügenden Erfolg gebracht, so ist es oft auch möglich und angebracht, die Leitung tiefer aus einem Tal ins andere dauernd auszuführen.

Auch Brücher und Torflager sind oft dadurch entstanden, daß seit ewigen Zeiten das aus der Erde dringende Wasser sich seine Wege selbst gesucht hat; an manchen Stellen ist die verwitterte Erdschichte vollständig ausgewaschen, eine Benutzung der harten Schichten, welche dem Wasser bis jetzt widerstanden haben, ist in absehbarer Zeit nicht möglich. Ob hier die Kunst eingreifen soll, ist örtlich sehr verschieden; die Aussicht auf Erfolg muß in jedem einzelnen Falle entscheiden.

Bei dem Bau der Wege durch Bruchbestände öffnet sich noch ein großes Feld, auf dem die Erfahrung noch vieles feststellen kann und muß, besonders wegen Entsumpfung und Verbesserung tiefer liegender Flächen.

Die angedeuteten Vorarbeiten zum Wegebau im Walde sind zu einer richtigen Anlage von Durchlässen und Röhrenzüge deshalb notwendig und dringend anzuraten, weil manche abkömmlichen oder auch falschen Anlagen beseitigt, die unbedingt erforderlichen gleich von vorneherein an die erwünschten und richtigen Stellen gelegt werden können.

Sie sollten schon aus dem Grunde nicht vernachlässigt werden, weil durch sie auch manche wasserwirtschaftlichen Erfolge erreicht werden und sie sich auch waldbaulich durch dauernde Bodenverbesserung bezahlt machen, indem durch die Erhaltung und richtige Verteilung der vorhandenen Wassermengen und durch ihre in Verbindung mit der Kohlensäure der Luft zersetzende Wirkung der Waldboden frisch, tätig und gesund erhalten wird.

Schließlich helfen sie auch im kleinen die Hochwasserschäden vermindern.

Zum Vorteil der Waldwirtschaft kann, neben einer richtigen Verteilung des Wassers, auch durch längere Festhaltung von Wassermengen mittels Anlage kleiner Stauungen und Teiche durch die Wegkörper, also durch Verlangsamung der Wasserbewegung erheblich genützt werden.

Diese Wasseranstauungen werden vielfach unterschätzt, obschon sie nicht allein zur Schönheit des Waldes beitragen, sondern auch nebenbei der Fischzucht Vorschub leisten und namentlich die Kosten beim Walzen der Steinbahnen in wasserarmen Revieren verringern können.

Alle Wasserableitungen sind mit schwachem Falle anzulegen, damit keine Bodenentführungen durch sie veranlaßt werden. Je geringer der

Fall, um so haltbarer werden die Anlagen und unerheblicher die Unterhaltungskosten. In Örtlichkeiten mit strengem Boden kann eine Neigung von 0,3% bis 1% genügen, in leichtem oder mit Steinen stark gemengtem Boden, welcher viel Wasser aufnimmt, wird man unter Umständen bis zu 2% Fall gehen müssen. Je stärker die fortzuführenden Wassermengen sind, um so geringere Neigung muß den Leitungen gegeben werden.

Die Breite und Tiefe der Gräben hängt von der Wasserstärke und den Bodenverhältnissen ab, die beste Form ist die muldenförmige.

Beabsichtigt man im Laufe der Leitung stellenweise, z. B. auf trockenen Rücken und Hängen, mehr Wasser abzugeben, so kann es durch Abschwächung des Falles oder auch durch streckenweise Vertiefung der Gräben herbeigeführt werden.

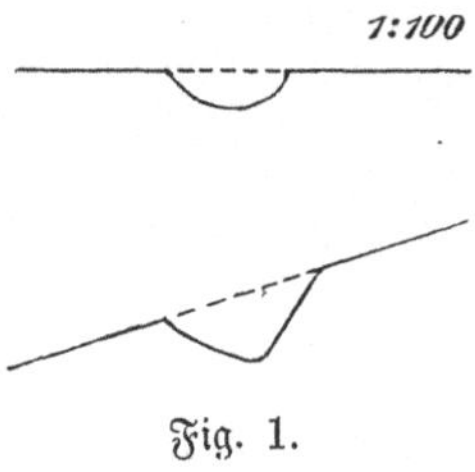

Fig. 1.

Zur Ableitung schwacher Quellen kann schon in schwerem Boden eine Mulde von 0,5 m Breite und 0,15 m Tiefe hinreichen. In geneigtem Gelände legt man die Muldentiefe statt in die Mitte, in $^2/_3$ der Breite nach dem Berge hin; der tiefer liegende Rand der Gräben ist gut zu sichern, damit ungleiches Austreten des Wassers verhütet wird.

Wer den Ausbau eines Wegnetzes im Walde ohne stete Rücksichtnahme auf die Wasserbewegung ausführt, begeht eine weittragende Unterlassungssünde, nicht allein, weil er etwa einen Nachteil der Wassereinwirkung zu verhüten unterläßt, vielmehr weil er die weittragende Bedeutung dieses Elements im Hinblick auf die Gesunderhaltung des Waldbodens nicht würdigt.

Bei jeder Anlage eines Durchlasses zur Weiterbeförderung ist auch in dem tieferliegenden Forstort sofort festzustellen, ob das Wasser nicht zur Herbeiführung von Bodenfrische und Bodentätigkeit Verwendung finden kann.

Selbst bei der häufig eintretenden Erwägung, auf welcher Stelle ein Durchlaßrohr anzulegen ist, muß stets die Entscheidung davon abhängig sein, an welchem Punkt das Wasser am meisten nutzbar gemacht werden kann.

II. Abschnitt.

Die verschiedenen Wegformen im Walde.

1. Der Naturweg.

In den Wäldern und Feldfluren findet man vielfach Wegstrecken, welche weder regelmäßig abgegrenzt sind, noch eine besondere zweckentsprechende Herrichtung erfahren haben, sondern in dem Zustand des gewachsenen Bodens durch andauernden jahrelangen Gebrauch zu ständigen Wegen geschaffen worden sind.

Bei geeigneten Bodenverhältnissen, besonders in trockenen Lagen, sind solche Flächen im Laufe der Zeit häufig so festgefahren worden, daß man so lange auf einen künstlichen Ausbau verzichten kann und wird, als sie ihren Zweck örtlich erfüllen. Im Walde kommt häufig zu der geeigneten Bodenzusammensetzung noch ein dichtes Wurzelgeflecht alter Bäume in der oberen Bodenschichte, welches die Tragkraft dieser Wege noch erhöht.

Solche Naturwege passen ihrer Lage nach selten in ein Wegenetz, öfter noch bei der Einrichtung kleiner Waldflächen, als in größeren Bezirken; sie können gewöhnlich nur da ganz oder teilweise beibehalten werden, wo sie als Wirtschaftswege dienen, seltener, wo sie Einteilungswege und Grade-Abfuhrwege abgeben sollen.

2. Die künstlichen Wegformen.

a) Die Wege der Ebene. (Tafel 1, Zeichnungen I u. II.)

α) Die Form I (Zeichnung I).

Im ebenen Gelände setzt sich ein künstlich ausgebauter Weg zusammen:

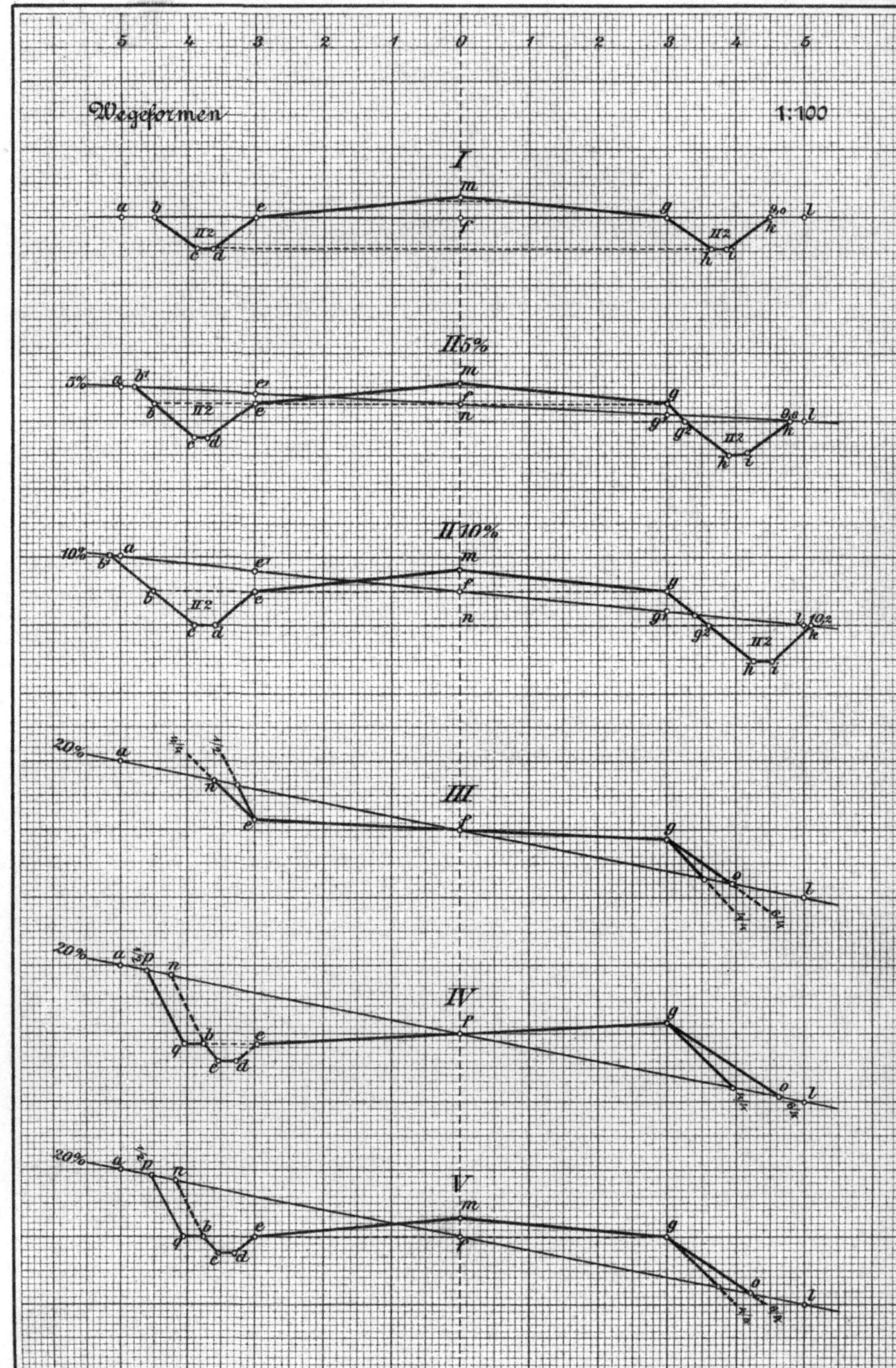

Verlag von Julius Springer in Berlin. Geogr.-lith. Anst. u. Steindr. v. C. L. Keller in Berlin.

1. aus der Wegkrone — e f g —,
2. aus den seitlichen Gräben — b c d e — und — g h i k —. b e ist die obere Grabenbreite, c d die untere oder Sohle. Die senkrecht gedachte Linie von der Oberfläche des Aushubes b e auf die Mitte von c d ist die Tiefe des Grabens,
3. aus der Wölbung e f g m; fm ist das Maß der Wölbung oder die Pfeilhöhe.

Nach dem Ausbau stellt das Bild des Querschnittes d h g m e den eigentlichen Wegkörper dar. Nur in ganz ebenem Gelände ist die unbeschädigte Wegkrone ohne Wölbung eine Ebene. Die beiderseitigen Gräben von gleicher Breite und gleicher Tiefe geben beim Ausheben gleiche Massen, und ihre Sohlen liegen in gleicher Höhe.

Diese Form wird nur noch in schwach geneigtem Gelände bis etwa 5 und 6% beibehalten, so lange die Längsachse der Wege senkrecht zu den Höhenschichtenlinien verlaufen kann. Es ändert sich dabei der Querschnitt der Wege nicht, nur ihre Kronenfläche erhält die Neigung des Geländes bezw. der Wege.

Die regelrechte Form für Hauptwege, Grade Abfuhrwege und Einteilungswege[1]) ist nach ihren Maßen, wie die Zeichnung I sie darstellt: 6 m Kronenbreite mit einer Wölbung im Erdbau von 30 cm (10%) Pfeilhöhe, welche bei Abflachung des mittleren Meters sich im ganzen auf 24 bis 20 cm (8 bis 7%) Wölbung setzt, und beiderseitige Gräben von je 1,5 m Breite mit 5/4 Böschung. (Später wird gezeigt, wie sich bei Erhöhung der Wegkronen die Breitemaße erweitern.)

Ein solcher Ausbau wird zutreffend mit „Weg der Ebene“ bezeichnet.

β) Die Form II. (Zeichnungen II 5% u. II 10%.)

Zu dieser Form zählen die Wege auf dem Gelände von 1% bis 10%, wenn sie es quer, etwa in der Richtung der Höhenlinien durchziehen; es verändern sich die Abtragsmassen der beiderseitigen Weghälften bei jedem Prozentwechsel der Geländeneigung, weil für je 1% Steigung sich die Längeneinheit einer geraden Linie an ihrem aus der Ebene gehobenen Ende um 1/100 erhöht.

Für die meisten beim Wegebau gebräuchlichen Längen gibt die beigefügte Tabelle für 1 bis 10% die entsprechenden Zahlen.

---

1) Siehe: die wirtschaftliche Einteilung der Forsten u. s. w., Abschnitt V. 3.

Tabelle 1.

	Meter											
Die Längen von	0,5	1	2	3	4	5	6	7	8	9	10	
	Zentimeter											
erhöhen sich												
bei 1 % um	0,5	1	2	3	4	5	6	7	8	9	10	Länge . Prozentsatz
„ 2 % „	1	2	4	6	8	10	12	14	16	18	20	
„ 3 % „	1,5	3	6	9	12	15	18	21	24	27	30	
„ 4 % „	2	4	8	12	16	20	24	28	32	36	40	
„ 5 % „	2,5	5	10	15	20	25	30	35	40	45	50	
„ 6 % „	3	6	12	18	24	30	36	42	48	54	60	
„ 7 % „	3,5	7	14	21	28	35	42	49	56	63	70	
„ 8 % „	4	8	16	24	32	40	48	56	64	72	80	
„ 9 % „	4,5	9	18	27	36	45	54	63	72	81	90	
„ 10 % „	5	10	20	30	40	50	60	70	80	90	100	

Die Breite einer Wegfläche von 6 m liegt also bei einer Geländeneigung von 5 % auf der Bergseite vor dem Ausbau um 30 cm höher.

In bis 10 % geneigtem Gelände ist neben dem Graben auf der oberen Wegseite auch ein solcher zur Begrenzung der Wegkrone auf der tieferliegenden Seite erforderlich, bei einer Steigung über 10 % kann er aber meistens unterbleiben, weil er von da ab durch die sich bildende Böschung ersetzt wird, in schwerem Boden eher als in leichtem.

Auf dem Millimeternetz der Tafel 1 ist zwischen den beiden senkrechten Netzlinien, 5 und 5 die Geländeneigung von 5 % in der Zeichnung II 5 %, die von 10 % in der Zeichnung II 10 % dargestellt und die Linie durch je a l bezeichnet.

Diese beiden Zeichnungen stellen je einen Weg-Querschnitt mit gleichen Maßen wie bei Form I dar: mit 6 m Kronenbreite und beiderseitigen Gräben von 1,5 m Breite bei $^5/_4$ Böschung; sie lassen aber eine durch die Geländeneigung, in der sie angelegt sind, veränderte Gestaltung erkennen.

Die wagerechte Ausgleichung e g der beiden schiefen Geländelinien e′ g′ auf den schiefen Linien a l auf die Mitten der Wegkronen f veranlaßt bei dem Ausbau auf den höheren Seiten einen Abtrag, auf den tieferen einen gleichen Auftrag. Dieser hat von den beiden Kroneenden e und g (nach Tabelle 1) bei einer Kronenhälfte von 3 m und einer Geländeneigung: von 5 % je 15 cm Höhe, von 10 % je 30 cm.

Die Gräben auf den oberen höheren Seiten können erst auf den tiefer gelegten Enden der Wegkronen e angefangen werden. Bei wagerechter Breiteabmessung verursachen sie je nach ihren Böschungsgraden eine Erweiterung der ursprünglich für die Weganlage vorgesehenen Breiten. Um die unteren Gräben gleich groß auszuheben, kann der Graben-Anfangspunkt g^2 erst auf seiner inneren Böschungslinie bestimmt werden und zwar in wagerechter Höhe mit dem äußeren Grabenende k auf der fallenden Geländelinie. Das Ergebnis für die Wegerbreiterung ist auf beiden Seiten dasselbe.

Die Sohlen der beiderseitigen Gräben von Form I liegen, wie bereits gezeigt, sobald sie nach gleichen Maßen ausgehoben werden, in gleicher Höhe.

Bei der Wegform II ändert sich dagegen die Höhenlage der gegenseitigen Grabensohlen bei jedem Prozentwechsel. Dieser Unterschied spricht sich auch in der Abweichung f n der Wegkronenmitte auf der Geländeneigungslinie und der wagerechten Linie aus. In den zwei Beispielen beträgt der Unterschied in der Höhenlage bei II 5 %, 25 cm, bei II 10 %, 50 cm.

Auch diese Bauart bezeichnet man am besten mit „Wege der Ebene", weil sie ebenfalls mit beiderseitigen Gräben hergestellt werden.

b) Die Wege des Gebirges. (Tafel 1, Zeichnungen III bis V.)

α) Die Form III. (Zeichnung III.)

Diese Wegform wird im Gelände von 10 % ab bis in die steilsten Lagen angewendet.

Die Gräben fallen weg, an ihre Stelle treten die Böschungen.

Der ausgebaute Weg setzt sich zusammen:

1. aus der talseitig geneigten Wegkrone e f g und
2. den beiderseitigen Böschungen n e und g o.

Unter allen Formen ist sie die einfachste und in der Ausführung die billigste.

β) Die Form IV. (Zeichnung IV.)

Sie unterscheidet sich von der Form III:

1. durch die nach der Bergseite geneigte Wegkrone e f g,
2. durch den bergseits ausgehobenen Graben b c d e (Hälfte von II 2); sie hat aber auch die Böschungen g o und n b.

An Stelle der Böschung n b kann in feuchten Lagen und bei steilen Böschungen zum Schutze des Grabens die Bank q b und die Böschung p q ausgeführt werden.

γ) Die Form V. (Zeichnung V.)

Sie hat zum Unterschied von den übrigen Formen des Gebirges:
1. eine ebene Wegkrone e f g,
2. bergseitig den Graben b c d e,
3. die beiderseitigen Böschungen g o und n b und
4. die Wölbung e f g m.

Unter den bei Form IV gedachten Verhältnissen kann auch bei ihr die kleine Schutzbank q b und die Böschung p q gewählt werden.

Zu dieser Wegform wird man in allen Fällen greifen müssen, wenn Wege im Gebirge mit einer vollen Steinbahn versehen werden können, denn die geneigte Wegkrone eignet sich weniger gut, weder zur Anlage einer vollständigen Steinbahn noch für eine Pflasterung. In steilen Lagen ist sie nicht ausführbar.

3. Die Wegkrone.

Die Krone ist derjenige Wegteil, welcher zum Gehen, Fahren, auch zum zeitweiligen Aufsetzen des geformten Holzes herzurichten ist.

Bei der Wegform I der Ebene (Zeichnung I) wird zunächst die Krone bei ungleicher Oberfläche geebnet, gegebenen Falles durch Auffüllung mit dem Grabenaushub eine Erhöhung vorgenommen und schließlich die Wölbung mit den gewählten Stoffen hergestellt.

Für die Wegform II (Zeichnung II) wird entweder die Krone nach der mittleren Höhe f mit dem auf der Wegfläche gewonnenen Stoffe ausgeglichen oder, wenn genügender Baustoff zur Verwendung steht, nach dem höchsten Punkte e′ des Querschnittes, oder nach einem beliebig niederen oder höheren Punkte, welcher nach der Menge des vorhandenen Stoffes bestimmt werden muß, erhöht, um demnächst wie bei Form I die Wölbung auszuführen.

Bei allen Wegen des Gebirges wird die Krone durch mehr oder minder starkes Einschneiden in das Gelände geschaffen. Die Krone der Form III wird in den Fällen, in welchen ein Graben auf der Bergseite nicht erforderlich ist, auch ein besonderes Härten der Fahrbahn nicht geboten erscheint, zweckdienlich mit einer schwachen Neigung —

etwa 5% — nach der Talseite ausgebaut. Namentlich in mit Steinen reichlich gemengten Böden und im Steingerölle, z. B. im Kieselschiefer, dem Taunusquarzit, in den Gebirgen mit Eruptivgesteinen usw., ist diese Bauart angezeigt.

Durch Anschütten des Abtrages wird die auf der Talseite fehlende Breite zu erreichen gesucht. Bei Geländeneigungen von 10% bis 30% reicht gewöhnlich gleicher Abtrag zu gleicher Auftragsbreite aus, aber mit zunehmender Steilheit muß fortschreitend etwas mehr Abtrag zur Auftragsbreite verwendet werden bis zu der Neigung, bei welcher der Abtrag gar keine Breite mehr zu bilden imstande ist und die Kronenbreite ganz ins feste Erdreich gelegt werden muß.

Die Wegform IV wendet man an in feuchten Lagen oder, wenn bei dem Einschneiden in das Gelände Wasseradern zutage treten, welche abgeführt werden müssen. Die auf der Bergseite auszuhebenden Gräben werden tunlichst schmal angelegt, die aufsteigende innere Böschung möglichst steil belassen, um Wasseraustretungen nicht zu begünstigen. Die Wegkrone wird entgegen der Form III nach der Bergseite fallend, aber mit derselben Neigung ausgebaut, wenn die Bodenverhältnisse die gleichen sind, wie sie bei Form III dargestellt wurden.

Um Abbröckelungen von den Böschungen, welche in Wasser führendem Boden häufiger stattfinden, für die Gräbchen weniger schädlich zu machen, legt man neben dieselben eine etwa 30—40 cm breite Bank — bq — wagrecht an, von derem bergseitigem Ende erst die Böschung beginnt. Die Ansammlung auf diesen Bänken sind gewöhnlich kleinere Steinbrocken, welche zeitweise auf die Krone verteilt werden können.

Wo in den Abhängen nach Lage der Bodenverhältnisse ein Härten der Fahrbahn durch Steine nicht zu umgehen ist, wird die Wegform V mit zuerst wagrechter Krone und später mit einer Wölbung nach beiden Seiten, als die entsprechendste zu wählen sein. In feuchten Lagen kann man ebenfalls die Schutzbänke neben den Gräben auf der Bergseite anwenden.

4. Die Gräben der Wege der Ebene. (Tafel 2.)

Die Formen der Gräben nebst ihren Aushubmassen werden besonders beeinflußt durch den Grad der Böschung, nach welchem sie ausgehoben werden.

Die Form I mit einfacher ($1/1 = 4/4$) Böschung hergestellt, hat bei allen Breiten für leichte Bodenarten zu geringen Halt, ist daher nur anwendbar auf schwerem bindigem Boden. Sie ergibt bei gleichen Breiten mit den folgenden Formen die größten Tiefen, die erheblichsten Aushubmassen und nimmt verhältnismäßig den geringsten Flächenraum in Anspruch.

Die Form II mit $1\frac{1}{4}$ Böschung ($\frac{5}{4}$) ist für die meisten Bodenarten, außer Sand, genügend haltbar, sie liefert bei gleichen Breiten mit Form I weniger Aushubmasse, hat geringere Tiefe und fordert größeren Flächenverbrauch.

Die Form III mit $1\frac{1}{2}$ Böschung ($\frac{6}{4}$) ist für Sandboden die meist anwendbare, weil Gräben mit geringerer Böschung keinen Halt bekommen, sie hat bei gleichen Breiten mit den vorhergehenden Formen die geringste Tiefe, die geringste Aushubmasse und verbraucht die größten Flächen.

Mit einer weiteren Verflachung der Grabenböschungen ändern sich die Breiten, Tiefen, Aushubmassen nach den vorgeführten Verhältnissen. Für den Waldwegebau genügen in der Regel die drei besprochenen Formen. Flachere Böschungen werden nur in außergewöhnlichen Fällen, im Bruchboden und bei Teichbauten Anwendung finden.

Richtige Gräben sind im Walde eine *Seltenheit*!

Unantastbar richtig ist ein Graben nur dann, wenn er nach den, dem Böschungsgrad entsprechenden, rechnerisch feststehenden Maßen genau ausgehoben worden ist.

Ebenso selten als richtige Gräben waren bisher: *richtige Vorschriften in den Kulturplänen.*

Gewöhnlich ist im Verhältnis zur oberen Breite die untere Breite, oft auch die Tiefe zu groß vorgeschrieben; die Böschung wird dadurch zu steil, die Gräben fallen ein und Auffrischungen werden erforderlich, wobei die obere Breite erweitert werden muß.

Es kann nicht oft genug darauf aufmerksam gemacht werden, daß eine *untere* Grabenbreite herzustellen eigentlich gar nicht nötig ist. Die natürliche Gestalt des Grabens ist eine Spitze, sie ist aber zu schwierig auszuformen, es kann auch nur mühsam mit einem Spaten geschehen. Die gewöhnlich gebrauchte Schaufel ist sehr oft breiter, als das vorgeschriebene Maß der unteren Breite, was stets zu beachten ist.

Wenn man über Breite und Böschung entschieden hat, sind die anderen Zahlen feststehende.

Die am häufigsten gebrauchten Grabenformeln sind:

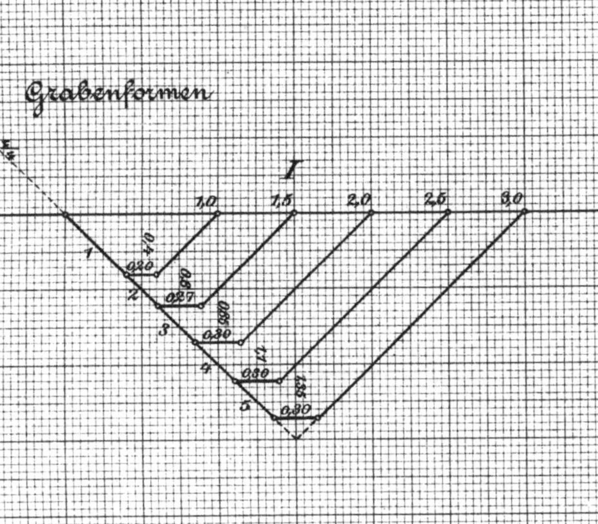

1:50

Formeln für 1 m Länge

I

1) $\frac{1+0,2}{2} \cdot 0,4 \cdot 1 = 0,24$ cbm

2) $\frac{1,5+0,27}{2} \cdot 0,6 \cdot 1 = 0,53$ "

3) $\frac{2+0,3}{2} \cdot 0,85 \cdot 1 = 0,98$ "

4) $\frac{2,5+0,3}{2} \cdot 1,1 \cdot 1 = 1,54$ "

5) $\frac{3+0,3}{2} \cdot 1,35 \cdot 1 = 2,23$ "

II

1) $\frac{1+0,25}{2} \cdot 0,3 \cdot 1 = 0,19$ cbm

2) $\frac{1,5+0,25}{2} \cdot 0,5 \cdot 1 = 0,44$ "

3) $\frac{2+0,25}{2} \cdot 0,7 \cdot 1 = 0,79$ "

4) $\frac{2,5+0,25}{2} \cdot 0,9 \cdot 1 = 1,24$ "

5) $\frac{3,0+0,3}{2} \cdot 1,1 \cdot 1 = 1,81$ "

III

1) $\frac{1+0,25}{2} \cdot 0,25 \cdot 1 = 0,16$ cbm

2) $\frac{1,5+0,27}{2} \cdot 0,4 \cdot 1 = 0,35$ "

3) $\frac{2+0,3}{2} \cdot 0,55 \cdot 1 = 0,63$ "

4) $\frac{2,5+0,3}{2} \cdot 0,75 \cdot 1 = 1,05$ "

5) $\frac{3+0,3}{2} \cdot 0,9 \cdot 1 = 1,48$ "

Verlag von Julius Springer in Berlin. Geogr.-lith. Anst. u. Steindr. v. C. L. Keller in Berlin.

Tabelle 2.

	Form I, 4/4 oder einfache Böschung				Form II, 5/4 Böschung				Form III, 6/4 Böschung			
	Der Gräben			Aushubmasse für 1 m Länge	Der Gräben			Aushubmasse für 1 m Länge	Der Gräben			Aushubmasse für 1 m Länge
	Breite		Tiefe		Breite		Tiefe		Breite		Tiefe	
	obere	untere			obere	untere			obere	untere		
	m	m	m	cbm	m	m	m	cbm	m	m	m	cbm
	1	2	3	4	1	2	3	4	1	2	3	4
1.	1	0,20	0,40	0,24	1	0,25	0,30	0,19	1	0,25	0,25	0,16
a	1,1	0,21	0,44	0,29	1,1	0,25	0,34	0,24	1,1	0,26	0,28	0,20
b	1,2	0,23	0,48	0,34	1,2	0,25	0,38	0,29	1,2	0,26	0,31	0,24
c	1,3	0,24	0,52	0,40	1,3	0,25	0,42	0,34	1,3	0,27	0,34	0,28
d	1,4	0,25	0,56	0,46	1,4	0,25	0,46	0,39	1,4	0,27	0,37	0,32
2.	1,5	0,27	0,60	0,53	1,5	0,25	0,50	0,44	1,5	0,27	0,40	0,35
a	1,6	0,27	0,65	0,62	1,6	0,25	0,54	0,51	1,6	0,27	0,43	0,40
b	1,7	0,28	0,70	0,72	1,7	0,25	0,58	0,58	1,7	0,28	0,46	0,46
c	1,8	0,28	0,75	0,81	1,8	0,25	0,62	0,65	1,8	0,28	0,49	0,51
d	1,9	0,29	0,80	0,90	1,9	0,25	0,66	0,72	1,9	0,29	0,52	0,57
3.	2	0,3	0,85	0,98	2	0,25	0,70	0,79	2	0,3	0,55	0,63
a	2,1	0,3	0,90	1,09	2,1	0,25	0,74	0,88	2,1	0,3	0,59	0,71
b	2,2	0,3	0,95	1,20	2,2	0,25	0,78	0,97	2,2	0,3	0,63	0,80
c	2,3	0,3	1,00	1,31	2,3	0,25	0,82	1,06	2,3	0,3	0,67	0,89
d	2,4	0,3	1,05	1,43	2,4	0,25	0,86	1,15	2,4	0,3	0,71	0,97
4.	2,5	0,3	1,10	1,54	2,5	0,25	0,90	1,24	2,5	0,3	0,75	1,05
a	2,6	0,3	1,15	1,67	2,6	0,26	0,94	1,34	2,6	0,3	0,78	1,13
b	2,7	0,3	1,20	1,80	2,7	0,27	0,98	1,44	2,7	0,3	0,81	1,21
c	2,8	0,3	1,25	1,94	2,8	0,28	1,02	1,57	2,8	0,3	0,84	1,30
d	2,9	0,3	1,30	2,08	2,9	0,29	1,07	1,70	2,9	0,3	0,87	1,39
5.	3	0,3	1,35	2,23	3	0,3	1,10	1,81	3	0,3	0,90	1,48
a	3,1	0,3	1,40	2,38	3,1	0,3	1,13	1,92	3,1	0,3	0,93	1,58
b	3,2	0,3	1,45	2,54	3,2	0,3	1,16	2,03	3,2	0,3	0,96	1,68
c	3,3	0,3	1,50	2,70	3,3	0,3	1,19	2,14	3,3	0,3	0,99	1,78
d	3,4	0,3	1,55	2,87	3,4	0,3	1,22	2,26	3,4	0,3	0,02	1,88
6.	3,5	0,3	1,60	3,04	3,5	0,3	1,25	2,37	3,5	0,3	1,05	1,99

Die Seitengräben an den Wegen der Ebene dürfen weder zur Fortführung ständiger, noch zeitweise sich sammelnder Wassermengen dienen, sie sollen nur neben dem Zwecke der Begrenzung und Ausformung der Wegkörper die zeitweiligen Niederschläge von den seitlichen Wegflächen zur Verdunstung oder zur Einsickerung in die tieferen Erdschichten aufnehmen.

Es sind daher zu diesem Zweck Unterbrechungen von mindestens 1 m, höchstens 1,5 m Länge — s. g. **Riegel** — im Verlaufe der Gräbenlinien zu belassen, welche nebenbei zum Überschreiten und zum Heraustragen des Holzes dienen können und dadurch zur Schonung und Erhaltung der Gräben wesentlich beitragen werden.

Riegel von geringerer Länge als 1 m werden leicht abgetreten, solche über 1,5 m veranlassen oft zum Überfahren.

Wo Ausfahrten nötig sind, müssen weit längere Unterbrechungen belassen werden. Auf diesen Riegeln beläßt man den natürlichen Bodenüberzug; wo ein solcher fehlt, belegt man sie mit Rasen.

Kleine Gräbchen in der Längsrichtung der Riegel zu legen, ist verwerflich.

Im Gebrauchsfalle erspart die beigefügte Nachweisung eigene Rechnung.

Tabelle 3.

Bei einer Neigung der Grabenlinie von %	und bei einer Grabentiefe von Meter									
	0,3	0,4	0,5	0,6	0,7	0,8	0,9	1,00	1,1	
	ist die auszuhebende Länge des Grabens in Metern zwischen 2 Riegeln									
1	30	40	50	60	70	80	90	100	110	Aushublänge = Tiefe des Grabens × 100 / % satz
2	15	20	25	30	35	40	45	50	55	
3	10	13,3	16,7	20	23,3	26,7	30	33,3	36,7	
4	7,5	10	12,5	15	17,5	20	22,5	25	27,5	
5	6	8	10	12	14	16	18	20	22	
6	5	6,7	8,3	10	11,7	13,3	15	16,7	18,4	
7	4,3	5,6	7,1	8,6	10	11,4	12,9	14,3	15,7	
8	3,8	5	6,3	7,5	8,8	10	11,3	12,5	13,8	
9	3,2	4,4	5,6	6,7	7,8	8,9	10	11,1	12,2	
10	3	4	5	6	7	8	9	10	11	
11	2,7	3,6	4,5	5,5	6,4	7,3	8,2	9,1	10,1	
12	2,5	3,3	4,2	5	5,8	6,7	7,5	8,3	9,2	

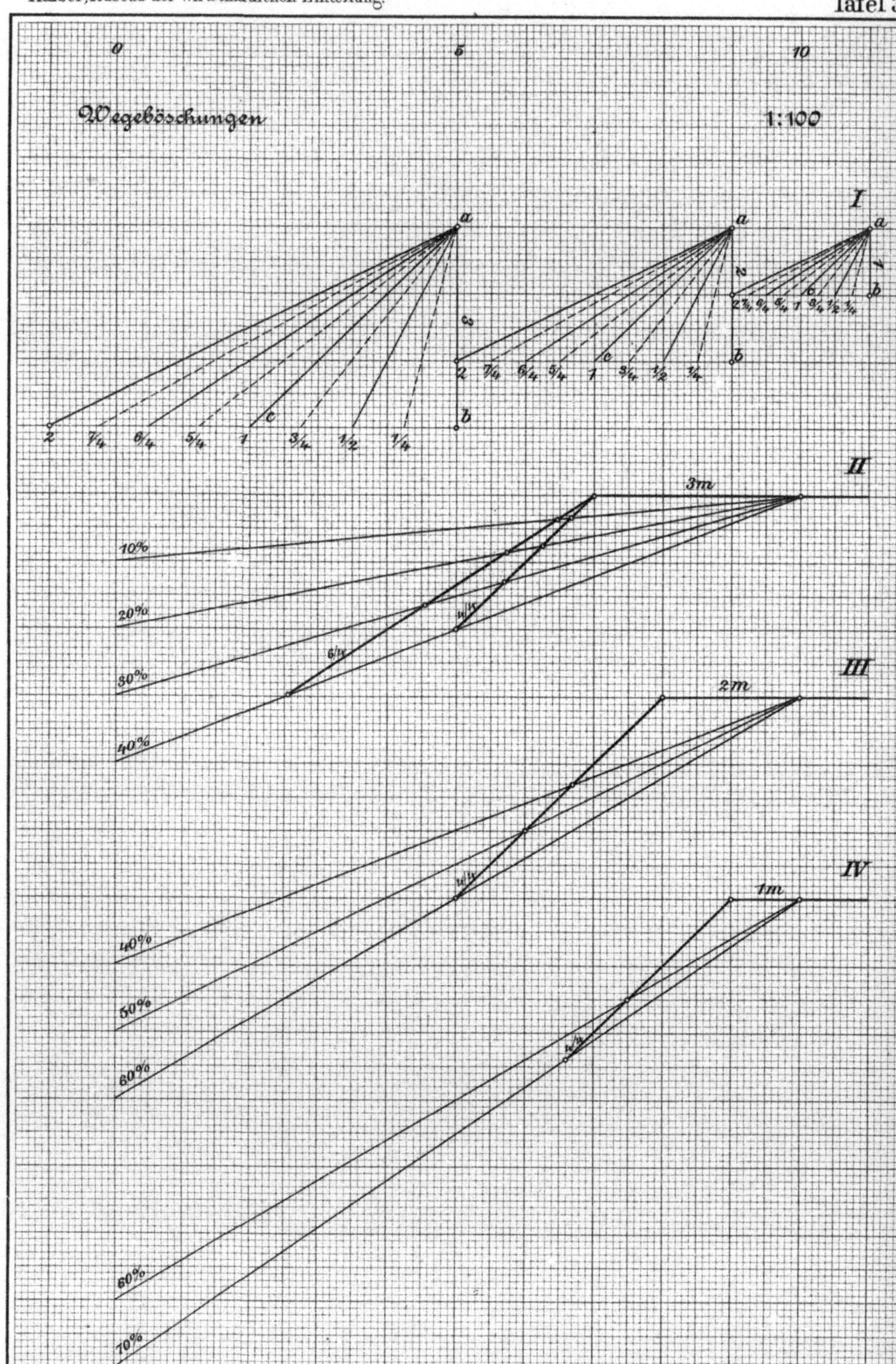

Verlag von Julius Springer in Berlin.
Geogr.-lith. Anst. u. Steindr. v. C. L. Keller in Berlin.

Die Wasserfortführung in geneigten Gräben ohne Riegel führt um so früher und sicherer zu ihrem Verfalle, je leichter der Boden ist und je stärker das Gefälle.

Für die wirtschaftliche Einteilung ist es daher von größter Bedeutung, die zu Einteilungszwecken benutzten Wege und Schneisen vor Zerstörung zu bewahren.

Solche durch Wasser ausgewaschene Wege und Schneisen sind leider in jedem Gebirgsrevier zu finden. Ihre Wiederherstellung nur als Erdweg verursacht mindestens denselben Geldaufwand, als ein Neubau auf unbeschädigtem Boden, die ursprüngliche Höhe wiederherzustellen, ist aber in den meisten Fällen der erheblichen Kosten halber nicht ausführbar.

5. Die Wegböschungen. (Tafel 3.)

In den gleichschenkligen rechtwinkligen Dreiecken a b c der Zeichnung I veranschaulichen die Schenkel ab die Höhe, bc die Breite oder Ausladung und ac die Böschungslinie oder Oberfläche.

Wenn die Höhe gleich der Ausladung, die beiden Winkel an der Böschungslinie gleich, also je $\frac{R}{2}$ sind, dann bezeichnet man die Böschung als eine 1fache = $^4/_4$, — reicht die Ausladung nur bis $^1/_4$, $^1/_2$, $^3/_4$ der Höhe ab von dem Punkte b aus nach c, dann wird sie mit $^1/_4$, $^1/_2$, $^3/_4$, wenn sie in demselben Verhältnis über die 1fache Ausladung ragt, mit $^5/_4$, $^6/_4$, $^7/_4$ usw. Böschung bezeichnet.

Welches von diesen Maßen im gegebenen Falle zur Anwendung zu bringen ist, hängt von der Höhe der Böschung und von den zur Verwendung kommenden Baustoffen ab.

Ein Durchschnittsboden in bezug auf Bindigkeit beruhigt sich erfahrungsgemäß schon bei einfacher Böschung, er steht dann und behält seine Form, wenn nicht störende Einflüsse dies verhindern.

In strengeren Böden und bei Verwendung starker Steine kommt man vielleicht schon mit einer steileren $^3/_4$ Böschung zum Ziel und im sandigen Boden ist gewöhnlich eine flachere $^5/_4$ bis 2fache erforderlich.

Ein über ein Tal durch Anschüttung hergestellter Wegkörper erhält in der Regel beiderseits abfallende Böschungen, sie können auch, wenn die Ausschüttung auf ziemlich ebenem Gelände ruht, in jeder beliebigen Höhe und mit jedem der Höhe entsprechenden Ausladungsmaß ausgeführt werden.

In Zahlen ausgedrückt stellt sich dieses für die Ebene wie folgt: (Tafel 3, Zeichnung I.)

Tabelle 4.

Höhe der Böschung in Metern	Ausladung in Meter							
	$^1/_4$	$^1/_2$	$^3/_4$	1	$^5/_4$	$^6/_4$	$^7/_4$	2
0,5	0,125	0,25	0,375	0,5	0,625	0,75	0,875	1
1	0,25	0,50	0,75	1	1,25	1,50	1,75	2
2	0,50	1	1,50	2	2,50	3	3,50	4
3	0,75	1,50	2,25	3	3,75	4,50	5,25	6

Ein Weg mit 6 m Kronenbreite und beiderseits 2 m Böschungshöhe mit $^5/_4$ Ausladung hat also am Fuße der beiden Ausladungen eine Breite von 6 + (2 . 2,50) = 11 m.

Die Wegformen im Gebirge (Tafel 1 III—V) werden durch Abtrag auf der Bergseite und Auftrag auf der Talseite gebildet, die Böschung auf der Bergseite wird die aufsteigende oder innere, die auf der Talseite die abfallende oder äußere benannt.

Jene kann so steil als tunlich — sobald ihre Oberfläche in Ruhe kommt, d. h. nicht mehr abbröckelt — sogar senkrecht belassen werden, bei den abfallenden flacht man fürsorglich etwas mehr als unbedingt nötig ab, um dem Übel der Nacharbeiten tunlichst vorzubeugen.

Die Anschüttung von Böschungen wird im Gebirge wesentlich von der Geländeneigung beeinflußt, in den steilsten Abhängen so erheblich, daß sich schließlich gar keine Auftragsbreite durch angeschütteten Boden mehr bilden läßt.

Nebenstehende Zusammenstellung stellt diesen Einfluß in Zahlen dar:

Bei Geländeneigungen von 10% bis 30% können 6 m breite Wegkronen hergestellt werden durch Abtragsbreiten von 3 m, welche zu Auftragsbreiten von 3 m in den meisten Fällen genügen werden. Die Auftragshöhen liegen bei diesen Prozentsätzen zwischen 0,3 m und 0,9 m, und bei $^5/_4$ Ausladungen reichen die Anschüttungen 0,45 m bis 1,8 m über den Rand der Wegkronen.

Tabelle 5.

Bei einer Geländeneigung von %	beträgt die Auftrags- Breite m	Höhe m	die Ausladung von $^4/_4$ m	$^5/_4$ m	$^6/_4$ m	
10	3	0,3	0,32	0,45	0,52	Zeichnung 2.
15	3	0,45	0,54	0,7	0,9	Die Zahlen der Ausladung sind bei der örtlichen Absteckung zu verwenden.
20	3	0,6	0,75	1,0	1,3	
25	3	0,75	1,0	1,4	1,8	
30	3	0,9	1,25	1,8	2,4	
35	3	1,05	1,6	2,3	3,4	
40	3	1,2	2,0	3,0	4,5	
45	3	1,35	2,5	3,8	6,1	
50	3	1,5	3,0	5,0	—	
55	3	1,65	3,7	—	—	
60	3	1,8	4,4	—	—	
40	2	0,8	1,3	2	3	Zeichnung 3.
50	2	1,0	2,0	3,3	6	
60	2	1,2	3	5,7	—	
70	2	1,4	4,6	—	—	
60	1	0,6	1,5	3,4	—	Zeichnung 4.
70	1	0,7	2,4	—	—	
80	1	0,8	4,0	—	—	
90	1	0,9	9,0	—	—	

Auf Gelände von 40% Neigung wird sich bei einer Auftragsbreite von 3 m die einfache Ausladung schon 2 m über den Rand der Krone ausdehnen, bei $^5/_4$ Böschung schon 3 m, sie kann daher nur bei geeigneten Bodenverhältnissen, welche bei dieser Böschung genügende Festigkeit herbeiführen, oder wenn Steine die Ausladung bilden können, beibehalten werden. Andernfalls wählt man geringere Auftragsbreiten, 2,5 m oder 2 m, letztere reicht bei 0,8 m Höhe und $^5/_4$ Böschung 2 m über die Wegkrone.

Bei 50% Geländeneigung ist höchstens auf eine Auftragsbreite von 2 m, bei 60% auf eine solche von 1 m zu rechnen, welch letztere für 70% nur bei örtlich geeigneten Bodenverhältnissen beibehalten werden kann.

Im Gelände mit höheren Neigungen muß man von der Herstellung einer Auftragsbreite ganz absehen.

In steilen Lagen werden die örtlichen Verhältnisse häufig veranlassen, auf eine Wegbreite von 6 m zu verzichten und auf eine geringere zurückzugehen.

So lange es ausführbar ist, gewährt ein Weg, auf welchem die Walderzeugnisse noch aufgestapelt werden können, grade in steilen Lagen einen nicht zu unterschätzenden Vorzug, weil andernfalls bezüglich der Holzverbringung zu Mitteln — wie das Holzseilen — gegriffen werden muß, welche nicht allein kostspielig, sondern auch für die Waldarbeiter lebensgefährlich sind.

Die äußeren Böschungen, welche durchschnittlich 2 m Raum seitlich der Wegkronen einnehmen, sind Teile der Wege, sie treten im Gebirge an die Stelle der Weggräben der Ebene. Die zu ihrer Befestigung mehrfach empfohlene Anpflanzung von Strauchwerk ist verwerflich, weil sie zur Überwucherung der frei zu haltenden Streifen von etwa 2 m veranlaßt und durch deren immer wiederkehrende Beseitigung nur Kosten verursacht.

Erdböschungen sichert man am besten durch eine gute Grasnarbe, sie hält sich aber im Walde nur dann, wenn man zur Ansaat schattenertragende Grasarten (Untergräser) wählt.

An Böschungen, welche immer oder auch nur zeitweise von Wasser bespült werden, ist auch jede Anpflanzung von Holz oder Strauchwerk, auch Steinbelag, zu unterlassen, weil sie alle dem Auskolken des Bodens Vorschub leisten. Auch da ist eine Grasnarbe am dienlichsten, wie die Ufer mancher Bäche und Flüsse beweisen.

Besonders die äußeren Böschungen, welche die Festigkeit und Tragkraft der Wege fördern sollen, müssen mit besonderer Sorgfalt gebaut und befestigt werden. Wenn immer möglich, soll man Böschungen, welche nicht halten wollen, lieber durch flachere Ausladungen zu verstärken suchen, als zu künstlichen Bauten, wie Mauerwerk, Flechtzäunen Steineinlagen usw., greifen, bei welchen erfahrungsgemäß häufige Erneuerungen nicht ausbleiben.

Der erste gute und sichere, wenn auch etwas teurere Ausbau liegt stets im Vorteil des Waldbesitzers. Außerdem sind im Walde bei freierer Bewegung zu ausgiebiger Beschaffung der Baustoffe die Verhältnisse günstiger als andernorts, wo die Eigentumsgrenzen vielfach hindern.

Schon von 10% Neigung an ist zur Herstellung einer haltbaren Böschung erforderlich, das Gelände unterhalb der Leitpfade zur Aufnahme der Füllstoffe in der Weise vorzubereiten, daß man Laub, Nadeln und jeglichen Bodenüberzug entfernt und in lehnen und steilen

Lagen senkrecht zur Bodenneigung wagrechte Gräbenreihen untereinander in der Richtung der Wegachse aushebt, welche den herabrollenden Stoffen eine Widerlage schaffen und sie dadurch zur Ruhe bringen sollen.

Je steiler das Gelände wird, um so tiefer und häufiger müssen diese Gräbenreihen ausgehoben werden.

Häufiger als bei den äußeren, sind bei den inneren aufsteigenden Böschungen unvorhergesehene Hindernisse zu beseitigen, namentlich wenn durch den Abtrag Wasserfäden aufgeschlossen werden oder durch ungünstige Gesteinslagerungen Rutschungen entstehen. Wie in diesen Fällen das Wasser von den Wegflächen abzuhalten und wie bei Rutschungen zu verfahren ist, wird bei dem Ausbau der Wege erläutert werden.

6. Die Wölbung.

Den Gebrauchswert unserer Waldwege, gleichviel ob sie als Erdwege auszubauen oder mit einer Steinbahn zu härten sind, fördert neben einer wünschenswerten Erhöhung der Wegkörper über das seitliche Gelände, besonders noch ihr Oberflächenausbau „Die Wölbung", welche die zeitigen Niederschläge seitlich rasch abführen und dadurch zur Trockenhaltung der Wegkrone möglichst beitragen soll.

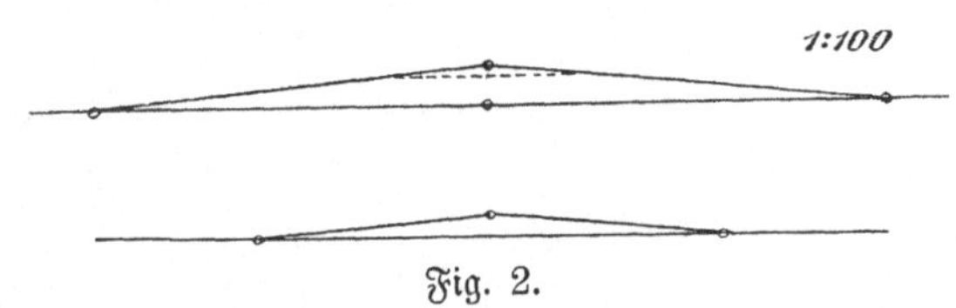

Fig. 2.

Dieser Ausbau der Wölbung wird bei öffentlichen Landwegen und Straßen meistens in der Form eines Kreisabschnittes hergestellt, wobei die wagrechte Wegkrone als die Sehne, die Oberfläche der Wölbung als die Kreislinie erscheint. Im Walde ist es aber angezeigt, die Wölbung, anstatt genau in Kreisform, in der Gestalt eines auf den Endpunkten der Sehne fußenden, gleichschenkligen Dreiecks herzustellen und nur die Spitze dieses Dreiecks, etwa 0,5 m bis 1 m breit, flach abzuwölben.

Das Maß der Wölbung, „Die Pfeilhöhe", wird von den Waldwegebau-Schriftstellern in einem Bruchteil der Fahrbahnbreite (wie in den älteren Werken über Straßenbau) angegeben.

Scheppler — 1863 — nimmt die Pfeilhöhe $1/36$ der Fahrbahnbreite an.

Dengler — 1863 — hat $1/28$ bis $1/32$ der Fahrbahnbreite für die Ebene,
$1/24$ bis $1/28$ der Fahrbahnbreite im Gebirge am zweckmäßigsten befunden.

Schuberg — 1875 — gibt $1/20$ bis $1/40$ der Fahrbahnbreite mit dem Zusatze an, daß die stärkste Wölbung bei den Erdwegen, die mittlere bei den mit weichem Gestein ausgebauten, die schwächste bei guten Steinbahnen anzuwenden sei.

Nach Stötzer — 1877 — soll die Wölbung zwischen $1/30$ und $1/36$ der Breite betragen.

Es wird zweckmäßiger erscheinen, die Pfeilhöhe nach Prozenten der Neigung anzugeben, weil der Gefällmesser der ständige Begleiter des heutigen Wegebauers im Walde sein muß.

In den vorstehend angegebenen Grenzen liegen auch unsere für die Pfeilhöhe zu verwendenden Maße, sie können bei dem Ausdruck nach Prozenten für die verschiedenen Arten von Wegen gemeinverständlicher angegeben werden.

Den anzuwendenden Grad einer Wölbung bestimmt die Fähigkeit ihrer Oberfläche, die Niederschläge möglichst rasch abzugeben, ohne dabei Mißstände für das Fuhrwerk zu schaffen. Bei einer Pflasterung wird diese Fähigkeit am größten sein, geringer bei einer Steinbahn mit Kleinschlagdecke, am geringsten bei Erdwegen. Regelrechte gute Ausführung bei allen drei Arten vorausgesetzt.

Im allgemeinen muß im Walde die verhältnismäßig stärkste Wölbung zur Anwendung kommen, weil Luft und Licht beschränkter auf die Verdunstung und Abtrocknung einwirken können.

Für Erdwege versteht sich die Anwendung der Wölbung auf die gesamte Kronenbreite von selbst. Bei dem Ausbau der Fahrbahn mit Steinen wird vielfach für die Steinbahn die entsprechende Wölbung, für die Fußbahn nur eine geringe seitliche Neigung vorgeschrieben. Dieses Verfahren ist nicht zu empfehlen, weil dadurch zu leicht ein Ruhepunkt für das abrinnende Wasser zwischen der Steinbahn und dem Fußweg geschaffen wird, welcher das Eindringen des Wassers in den Erdkörper begünstigen kann.

Tabelle 6.

Bei einer Kronenbreite von m	und einem %satz der seitlichen Neigung von 4 %	5 %	6 %	7 %	8 %	9 %	10 %
	ist die Pfeilhöhe in der Wegmitte in Zentimeter						
2,5	5	6,2	7,5	8,7	10	11,2	12,5
3	6	7,5	9	10,5	12	13,5	15
4	8	10	12	14	16	18	20
5	10	12,5	15	17,5	20	22,5	25
5,5	11	14	16,5	19,3	22	24,7	27,5
6	12	15	18	21	24	27	30
		1/40	1/33	1/28	1/25	1/22	1/20
		der Breite					
6,5	13	16,2	19,5	22,7	26	28,3	32,5
7	14	17,5	21	24,5	28	31,5	35
8	16	20	24	28	32	36	40
9	18	22,5	27	31,5	36	40,5	45

$\text{Pfeilhöhe} = \frac{\text{Kronenbreite}}{2} \cdot \%\,\text{satz}.$

7. Der Aufhieb der Wegflächen.

Zum Zweck der Aufhiebe sind die Grenzen der Wegflächen vorher möglichst genau zu bestimmen. Am zweckmäßigsten erfolgt der Aufhieb der Wegflächen so zeitig, daß alles Holz vor Beginn des Ausbaues abgefahren sein kann.

Für die Wegformen I und II — der Wege der Ebene — ist entweder die seitliche Grenze oder die Mittelinie gesichert.

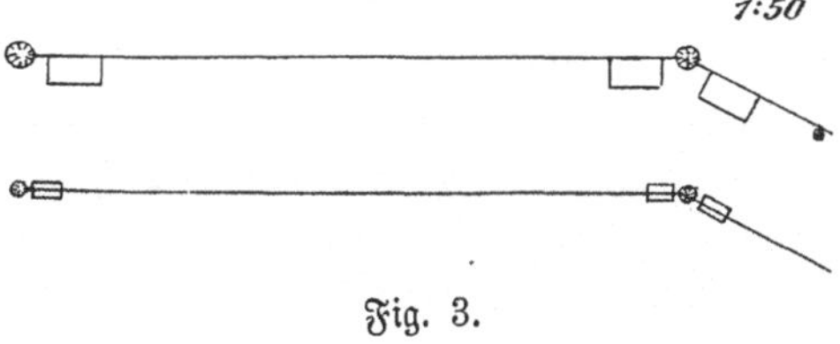

Fig. 3.

Im ersten Falle ist die ganze Breite nach der durch die Gräben angedeuteten Seite, im letzten Falle die halbe Breite von der Mitte aus nach beiden Seiten abzulegen. Die Hauptwege sind mindestens 10 m, die „Geraden Abfuhrwege" und die Einteilungswege mindestens 9 m breit aufzuhauen. (Wirtschaftliche Einteilung, Abschnitt V 3).

In Dickungen, wo das Strecken der Linien schwierig war, kann es zuweilen nach der Auflichtung der Wegflächen angezeigt erscheinen, eine in der seitlichen Zeichnung dargestellte Verbesserung durch Abflachung des Winkels vorzunehmen, was in wünschenswerten Fällen nicht zu versäumen ist.

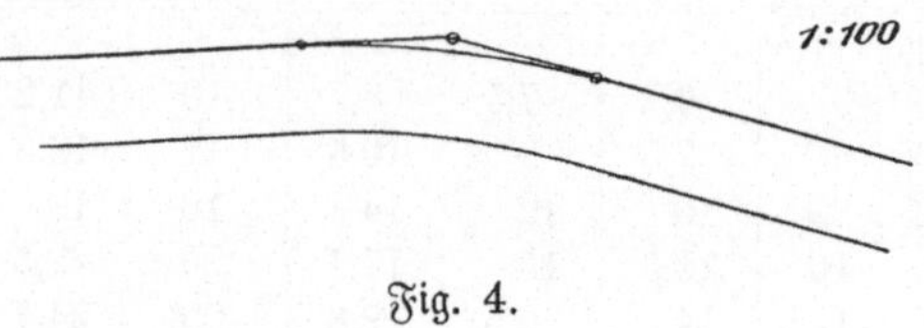

Fig. 4.

Für die Wegformen des Gebirges — Tafel 1, III bis V — wird vom äußeren Rand des Leitpfades, wo dieser in dem Punkte a die Geländeneigungslinie trifft, die beiderseitige Aufhiebsbreite bestimmt.

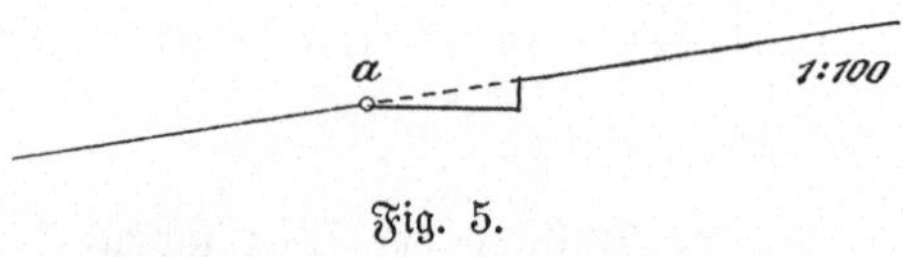

Fig. 5.

In ziemlich regelmäßigem Gelände kann bei Neigungen bis etwa 30%, wenn eine einfache Böschung genügende Festigkeit herstellt, die Breite des Abtrages die gleiche Auftragsbreite bilden. In diesem Falle wird beiderseits vom Punkte a je die halbe Auflichtungsbreite mit 4,5 m abgelegt.

Bis 40% Geländeneigung wird man in den meisten Fällen der oberen Abtragsbreite etwa bis 0,5 m zusetzen müssen, weil sich in diesen Lagen vom Auftrag schon etwas verkrümelt.

Bei Neigungen von 50% und 60% wird man nur auf 2 m und über 60—70% nur auf 1 m Auftragsbreite rechnen können. Dieser setzt man für den unteren Aufhieb nur noch 2 m für die Böschung zu.

Von 50% ab und darüber darf die Aufhiebsbreite nur nach der Ausführbarkeit bestimmt werden.

Bei dem Aufhieb der Wegflächen aller Wegformen sind gegebenen Falles starke Bäume stets zu roden, nicht abzuhauen oder abzusägen.

Auf die Hebelkraft starker und hoher Stämme bei erforderlicher Rodung von Erdstöcken ist deshalb nicht zu verzichten, weil die Wegebaukosten bei diesem Verzicht um so höher sich steigern, je stärker und älter die Bäume sind. Selbst da, wo der starke Stamm bei erheblicher Geländeneigung in dem Abtragskörper wurzelt, in welchem Falle noch am ehesten von einer Rodung starker Bäume abgesehen werden könnte, ist zu erwägen, welche Weise die geringsten Geldaufwendungen fordert.

Der Umstand, daß die Rodung von stehendem Holz zu den Werbungskosten rechnet, das Roden der Erdstöcke von vorher abgehauenen oder abgesägten Stämmen aber vom Wegebaugeld bestritten wird, hat vielfach erhebliche Ersparnisse zu erzielen verhindert.

Namentlich wenn Wegflächen einige Jahre vor dem Ausbau der Wege abgetrieben werden und besonders in Gegenden, in welchen das Stockholz nicht, oder nur schlecht zu verwerten ist, wird gewöhnlich an die erheblichen Ersparnisse, welche das Roden des stehenden Holzes herbeiführen kann, gar nicht gedacht.

Vielfach fehlen auch bei den Verwaltungen Bestimmungen, welche diese Geldvergeudungen verhüten könnten.

III. Abschnitt.

Der Erdausbau.

1. Die Wege der Ebene.

a) Die Form I (Tafel 1, Zeichnung I u. Tafel IV).

Sie ist die Form in ebenem Gelände; in mäßig geneigtem nur dann, wenn die Längsachse des Wegs senkrecht zu den Höhenschichtenlinien steht, etwa bis 6 % Geländeneigung.

Bei einem Neubau dieser Wege ist von vornherein die entsprechende Breite zu geben, die richtige Form der Gräben auszuheben und auch die vollständige Wölbung herzustellen.

Wo bestehende Wege dieser Art anfänglich unvollständig ausgebaut, namentlich zu schmal angelegt worden sind, entstehen bei einer notwendig werdenden Erbreiterung nochmals die einem Neubau nahekommenden Kosten durch das Ausheben neuer Gräben usw. Durch das Zuschütten der alten Gräben bleiben dann durch ungleichmäßiges Setzen der Auffüllung in der Regel Nacharbeiten nicht aus.

Im allgemeinen kann die Ausformung der Wege nur dann mit den geringsten Kosten hergestellt werden, wenn die erforderlichen Erdmengen in nächster Nähe gewonnen werden können. Diese Tatsache weist darauf hin, die seitlichen Gräben so zu gestalten, daß ihr Aushub diese Mengen liefert.

Die Ausführung der Wegform I teilt sich ab in den Ausbau ohne und mit Erhöhung der Wegkrone.

Ein Wegebau ohne Erhöhung der Krone sollte nur in ganz trockenen Lagen, in denen der Boden stark mit Steinen (mindestens 50 %) gemengt ist und in welchen nur selten eine Steinbahn erforderlich wird, zur Anwendung kommen.

Wegeform I

1:100

I

II

III

IV

V

VI

Grenze

Verlag von Julius Springer in Berlin.

Geogr.-lith. Anst. u. Steindr. v. C. L. Keller in Berlin.

Bei einer Kronenbreite von 6 m und einer Wölbung von 8% = 0,24 m Pfeilhöhe (Tabelle 6) sind für den Ausbau von 1 m Länge nötig: $\frac{6}{2}$. 0,24 . 1 [1]) = 0,72 cbm Masse.

Diese fällt an bei der Grabenform: (Tafel 4, Zeichnung I 4/4)

		Tabelle 2	Wegbreite
I. 4/4	Böschung bei d. Ausheben v. 2 Gräben v. 1,3 m ob. Breite	= 0,80 cbm	8,6 m
II. 5/4	„ „ „ „ „ 2 „ „ 1,4 „ „ „	= 0,78 „	8,8 „
III. 6/4	„ „ „ „ „ 2 „ „ 1,6 „ „ „	= 0,80 „	9,2 „

(Einige Hundertteile cbm mehr sind meistens angenehmer als ein Fehlen).

Hieraus erhellt, wie das Maß der Böschung auf die Grabenbreite und dadurch auf die gesamte Wegbreite einwirkt. Die ganze Wegbreite ist also in den 3 Fällen je: 8,6 m, 8,8 m, 9,2 m abzustecken.

Bei dem Bau der Wegform I mit Erhöhung der Wegkrone ist es geboten, bei Aufstellung des Wegebauplanes, neben dem Böschungsmaß der Gräben die Höherlegung der Krone festzustellen.

Die örtlichen Bodenverhältnisse, ob die Lage naß, feucht oder trocken, ob der Boden streng, locker oder sandig, ob tief- oder flachgründig, sind dabei besonders maßgebend.

In feuchten Lagen mit tiefgründigem und strengem Boden muß auf möglichste Erhöhung des Wegkörpers und größte Tiefe der Gräben gesehen werden.

Beides erreicht man am ehesten bei Anwendung der Grabenform I mit einfacher — 4/4 — Böschung, welch letztere auch für strenge Bodenarten genügt.

Haltbarer für den gewöhnlichen Waldboden sind Gräben mit 5/4 Böschung. Bei lockerem ist schon zu erwägen, ob nicht vorteilhafter 6/4 Böschung anzuwenden ist und bei Sand muß vielleicht bis zu zweifacher Böschung gegriffen werden [2]).

---

[1]) Für sämtliche Beamten — die leitenden, prüfenden und ausübenden — auch für die Arbeiter, also für Arbeitgeber und Arbeitnehmer, ist es im Forsthaushalt empfehlenswert, die Voranschläge für einen großen Teil der Ausführungen im Walde für das Einheitsmaß aufzustellen. Es erleichtert allen Beteiligten die Beurteilung, und die Zahlen prägen sich leicht dem Gedächtnis ein. Für die folgenden Darstellungen soll auch der „Vervielfältiger 1" weggelassen und dafür bei Körperberechnungen gleich die „Fläche" als Kubikmeter bezeichnet werden.

[2]) Die Fehler, welche durch die Wahl zu geringer Grabenböschungen im Walde gemacht werden, sind ganz erheblich. Man findet Reviere, in denen kaum ein nach richtigen Maßen geformter Graben zu sehen ist und die Herstellung von Riegeln oder Bänken, obgleich sie schon mehrfach empfohlen worden ist, fehlt ganz.

In diesem zweiten Fall der Wegform I mit Erhöhung der Wegkrone, wirkt auf die Erbreiterung der abzusteckenden Wegfläche, neben dem Maß der Böschungen auch noch das Maß der vorzunehmenden Erhöhung der Krone. Beide Einwirkungen lassen sich nach der einfachen Formel:

„Die Erhöhung der Wegkrone . Böschungsmaß in Bruchform" berechnen.

Tabelle 7.

Es bewirkt auf jeder Seite eines Weges:

Die Erhöhung der Wegkrone von	Bei einer Grabenböschung von		
	4/4	5/4	6/4
	eine Erbreiterung von		
m	m	m	m
0,1	0,1	0,125	0,15
0,2	0,2	0,25	0,3
0,3	0,3	0,375	0,45
0,4	0,4	0,5	0,6
0,5	0,5	0,625	0,75
0,6	0,6	0,75	0,9
0,7	0,7	0,875	1,05
			u. s. f.

Also für die ganze Wegbreite das Doppelte.

Die anzuwendende Grabenbreite wird — unabhängig von den durch das Böschungsmaß und durch die Erhöhung erforderlichen Erbreiterungen — in jedem einzelnen Falle durch den erforderlichen Baustoff zur Herstellung der Erhöhung — und wenn die Wege Erdwege bleiben können — zur Ausführung der Wölbung bestimmt.

Soll z. B. eine 6 m breite Wegkrone um 0,3 m erhöht werden, dann sind:

zur Erhöhung 6 . 0,3 = 1,80 cbm
zur Wölbung 6/2 . 0,24 = 0,72 „
zusammen = 2,52 cbm Baustoff erforderlich.

Dieser wird gewonnen: (Tabelle 2) (Tafel 4.)

bei 4/4 Böschung aus 2 . 2,3 m breiten Gräben = 2,62 cbm Zeichnung II
„ 5/4 „ „ 2 . 2,5 „ „ „ = 2,48 „ „ III
„ 6/4 „ „ 2 . 2,8 „ „ „ = 2,62 „ „ IV

Hiernach ist zum Ausbau dieser Wege eine Gesamtbreite abzustecken:

bei 4/4 Böschung	von 6 m Krone,	4,6 m Gräben,	0,6 m Erbreiterung	= 11,2 m
„ 5/4 „	„ 6 m „	5 m „	0,75 m „	= 11,75 m
„ 6/4 „	„ 6 m „	5,6 m „	0,9 m „	= 12,5 m

Sollte die Wegkrone dieses Beispiels mit einer Steinbahn versehen werden, dann könnte der Baustoff für die Wölbung erspart bleiben, oder für eine weitergehende Erhöhung der Krone verwendet werden. Im ersten Falle der Ersparung wären nur die 1,80 cbm für die Erhöhung zu beschaffen.

Diese können gewonnen werden:
bei 4/4 Böschung aus 2 . 1,9 m breiten Gräben = 1,80 cbm
„ 5/4 „ „ 2 . 2,1 m „ „ = 1,76 cbm
„ 6/4 „ „ 2 . 2,3 m „ „ = 1,78 cbm.

Im zweiten Falle, der Verwendung des für eine Wölbung vorgesehenen Baustoffes von 0,72 cbm zur stärkeren Erhöhung der Wegkrone, wird dieselbe $\left(\frac{0,72}{6}\right)$ 0,12 m und mit der anfangs geplanten von 0,3 m, zusammen 0,42 m betragen.

Durch diese Umänderung wird sich bezüglich der erforderlichen Gräbenbreiten des ursprünglichen Beispieles nichts ändern, aber durch den Zusatz von 0,12 m zur anfänglichen Erhöhung von 0,3 m ist die Breite für die gesamte Wegfläche:
bei 4/4 Böschung um 2 . 0,12 = 0,24 m
„ 5/4 „ „ 2 . 0,15 = 0,30 m
„ 6/4 „ „ 2 . 0,18 = 0,36 m zu erbreitern.

Wenn also bei Anwendung der Wegform I in sicherer Aussicht steht, daß demnächst die Wegkrone mit einer Steinbahn versehen werden wird, dann fällt die Wölbung weg. Wird aber in Zweifelsfällen eine Wölbung gebaut, dann muß fürsorglich die Wegkrone um 0,24 m usw. erbreitert werden, weil, wenn es unterlassen wird, durch spätere Umwandlung der Wölbung in eine Erhöhung von 0,12 m die Wegkrone um 0,24 m an ihrer Breite verlieren muß.

Die beiden Wegquerschnitte auf Tafel 4, Zeichnungen V und VI stellen zwei Wege dar, welche bei gleicher Kronenbreite, Erhöhung und Wölbung, gleichen Arbeitsaufwand verursachen, weil der Aushub ihrer Gräben mit verschiedenen Breiten doch gleichen Kubikinhalt hat.

Wenn dieselben an einer feststehenden Grenze, Steinlinie, oder an einem zu schonenden Waldrand liegen, dann ist der Ausführung der

Zeichnung V, welche den breiteren Graben an die feste oder zu schonende Seite legt, der Vorzug zu geben. Wenn aus irgend einem Grund eine Erbreiterung der Wegkrone oder eine Stoffentnahme usw. nötig wird, können solche Ausführungen auf der freien Seite mit dem schmalen Graben vollzogen werden.

Liegt ein Weg nicht an einer festen Grenze, dann sind nur die äußeren Grabengrenzen zugunsten der Wegkrone um das Maß der gebotenen Erbreiterung beiderseits nach außen zu verschieben, im anderen Falle ist die gesamte Wegbreite von der feststehenden Grenze an abzustecken.

Bei eben, oder nahezu eben verlaufenden Wegen läßt man zum Schutze und zur Schonung der Weggräben etwa alle 20 m bis 30 m ebenfalls 1 m bis 1,5 m lange Riegel oder Bänke stehen. Nichts beschädigt die Gräben mehr, als das Überschreiten und Betreten der Böschungen durch Menschen oder Vieh.

Ist eine ebene Waldfläche so naß und feucht, daß sich im Frühjahr oder Herbst in den Gräben Wasser ansammelt, dann untersucht man, ob sich irgendwo tiefere Stellen finden, in welche sich das Wasser seitlich in den Wald ableiten läßt, um dadurch das Grundwasser im Wegkörper zu senken. Kann es nicht überall geschehen, dann können vielleicht mehrere Zwischenräume verbunden werden, indem man um mehrere Riegel herum in 3 m bis 5 m langen Bogen, 15 bis 20 cm breite und ebenso tiefe Rinnen in Form der Wiesenbewässerungsgräbchen mit einer Hacke oder einem Spaten aushebt, durch welche das Wasser im Verhältnis zur Tiefe der Rinnen abgeleitet wird.

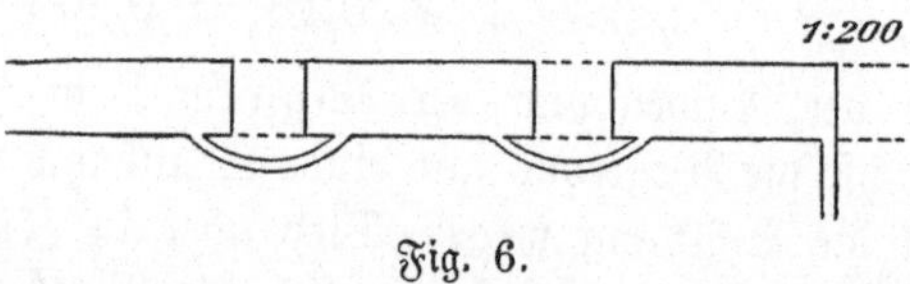

Fig. 6.

Auch in solchen Lagen muß man vermeiden, die Weggräben zur Fortleitung des Wassers zu benutzen.

Vor Beginn eines Wegausbaues muß über alle besprochenen Punkte durch genaue örtliche Feststellungen volle Klarheit geschaffen werden, damit während der Bauausführungen störende Abänderungen vermieden werden; namentlich ist auf genaue Angabe aller Maße zu sehen.

Der erste Schritt zur Ausführung besteht darin, eine gegebene Wegfläche — Kronen und Gräbenbreiten — von vorhandenem Bodenüberzug, von Laub- und Nadelschichten zu reinigen. Humus bildende Stoffe sind in das Waldesinnere an geeignete Orte, bei geneigtem Gelände stets auf die tieferliegende Seite zu verschaffen.

Eine der größten, aber häufig geübten Untugenden ist es, solche Stoffe oder vielleicht auch beim Baue überschüssige Erde neben die Wege auf die Ränder des Waldes hoch anzuhäufen. Den Vorteil, welcher durch eine Erhöhung der Wegkrone geschaffen werden soll, hebt man durch solche Anhäufungen auf dem Waldesrand wieder auf, denn man begünstigt durch sie die Schneeansammlungen auf der Wegkrone und schwächt die Abtrocknung der Wegoberfläche bei Windbewegungen ab.

Nach vollständiger Räumung der Wegfläche schreitet man zur genauen Festlegung aller zum Wegausbau nötigen Punkte.

Die bei einer Wegnetzlegung eingeschlagenen Höhenpfähle, wenn sie überhaupt noch vorhanden sind, haben gewöhnlich durch mannigfache Einwirkungen an ihrer Richtigkeit eingebüßt; daher stellt man an der Hand der Wegeverzeichnisse zunächst die Höhenlage der Längsachse in der Wegmitte fest.

Auf den Standpunkten dieser Höhenpfähle vollzieht man auch am zweckmäßigsten die Festlegung aller Punkte der Querschnitte, indem man in der Linie „b k" der Zeichnungen der Tafel 4 die Punkte „$b e^2 e f g g^2 k$" mit Pfählen in gleicher Höhenlage, die Punkte „$e^1 m g^1$" dieselben wie „efg", auch noch mit Pfählen, welche um die Maße der Ausführung die ersteren überragen, bezeichnet.

Einer besonderen Absteckung der Grabenböschung bedarf es nicht.

Wenn in der Mitte der oberen Grabenbreite „$b e^2$" die Maße der erforderlichen Grabenformen aus Tabelle 2 entnommen und ausgeformt werden, dann ergibt sich die Böschung von selbst.

Der Ausbau beginnt zunächst mit der Ausgleichung und Befestigung der Kronenfläche, indem man alle Unebenheiten sorgfältig ausgleicht und vorkommende Stocklöcher und sonstige Vertiefungen durch Festtreten oder Stampfen der Füllstoffe zu gleicher Festigkeit mit dem gewachsenen Boden bringt.

Eine gute Befestigung der Wegkrone erspart spätere kostspielige Nacharbeiten.

Wenn die Oberfläche der Krone zu ihrer Ebnung selbst nicht genügenden Stoff liefert, muß der fehlende schon aus den Gräben genommen werden.

Mit dem Gräbenausheben beginnt man in der Mitte derselben bis nahezu auf die Sohle, formt zuerst gegebenen Falles mit dem Aushub die Erhöhung und zuletzt die Wölbung aus. Den geschicktesten und zuverlässigsten Arbeitern überträgt man schließlich die endgültige Ausformung der Gräben.

Bei der Erdmassenberechnung aus Gräben muß für die zu belassenden Riegel ein Abzug stattfinden, er beträgt bei ebenen und bis zu

2 % geneigten Wegen:	4 % der Masse	
bei 3 % und 4 % geneigten:	5 % und 7 %	" "
" 5 % " 6 % "	9 % " 10 %	" "

Die Tragkraft aller Wege wird gefördert durch ein genügendes Festwalzen derselben.

Ob ein Erdweg zur Benutzung tauglich ist, hängt von seiner Tragkraft ab, diese von der Eigenschaft des Bodens, aus dem er gebaut worden ist.

Erdwege können in der Regel nur dann einem stärkeren Verkehr dienen, wenn sie aus einem Boden hergestellt sind, welcher mit druckfesten Steinen stark gemengt ist.

Das Verfahren, wie Erdwege, welchen eine solche Steinmengung fehlt, einigermaßen brauchbar herzustellen sind, wird bei dem „Härten" der Wege besprochen.

Eine der wichtigsten (leider zu wenig beachteten) Aufgaben liegt besonders den zur Beaufsichtigung der Wegebauten bestellten Beamten und Vorarbeitern ob, nämlich während der Bauausführung darauf zu achten, daß es nie an den nötigen Geräten: dem Gefällmesser, Karren und Werkzeugen aller Art an der Arbeitsstelle fehlt und daß alles Arbeitsgeschirr stets in bester Güte und Beschaffenheit zur Arbeitsstelle gebracht wird.

Mit mangelhaften Werkzeugen, stumpfen Äxten, Hacken, Pickeln und Schaufeln verbraucht der Arbeiter in zu kurzer Zeit seine Arbeitskraft, er kann dadurch nicht leisten, was von ihm gefordert werden kann und muß, und schädigt sich und seinen Arbeitgeber.

Die Anordnung, daß das stumpfe Geschirr einer Arbeiterrotte abends von einem Gliede derselben zur Schmiede oder zum Stellmacher gebracht und morgens wieder zur Arbeitsstätte geschafft wird, hat sich überall bewährt. Wird es dem einzelnen Arbeiter überlassen, dann ist die Überwachung viel schwieriger.

b) Die Form II (Tafel 5, Zeichnungen I bis VI).

Die Anwendung dieser Form beschränkt sich auf den Ausbau der Wege im Gelände von 1 % bis 10 % Steigung.

Die Längsachse der Wege verläuft entweder ganz genau (wie bei den Nullwegen) oder nahezu in der Richtung der Höhenschichtenlinien.

Bei den nach meinem Verfahren gelegten Wegnetzen sind die Wege entweder durch Bezeichnung der Mittelinie gesichert oder es wurde durch das Ausheben von je 1 m bis 3 m langen Stichgräben beiderseits der Brechpunkte die Außengrenze der Wegfläche nach der Bergseite gekennzeichnet. Um in gering geneigten Lagen einem Zweifel vorzubeugen, welche Seite zur Wegfläche bestimmt worden war, wurden die Außenränder der höher liegenden Stichgräben genau in die Grenze der Wegfläche gelegt. (Siehe Text-Zeichnung Seite 25).

Wie bei allen Wegen, welche mit dem Stoffe aus den beiderseitigen Gräben ausgebaut werden, ist es auch bei dieser Form geboten, gleich vom Beginn des Baues an, den Wegen die vollständige Breite zu geben.

Erst wenn der Aufhieb der Wegfläche erfolgt ist und ihre Abräumung stattgefunden hat, stellt man die genaue Mittelinie der Längsachse eines Weges und die Höhenlage ihrer ursprünglichen Absteckung im Gelände fest[1]).

Auf Tafel 1 sind unter „II 5% und II 10%" die Zeichnungen von Querschnitten 6 m breiter Wegkronen mit beiderseitigen Gräben nach Form II. 2 (1,5 m oberer Breite und 5/4 Böschung) im Gelände von 5% und 10% hergestellt. Beide Zeichnungen stellen die Wegkrone ohne Erhöhung dar, sie sind vielmehr nach der Höhenlage der Absteckung in ihrer Mitte durch den Abtrag der oberen Hälfte und den Auftrag auf die untere Hälfte ausgeglichen und mit einer Wölbung versehen.

Es fordern zum Ausbau der Wege nach Form II neben der Breite der Krone und der beiden Gräben eine Erbreiterung der Wegfläche:

1. die steigende Neigung des Geländes,
2. das Böschungsmaß der Gräben,
3. die Erhöhung der Krone über die Ausgleichung auf ihre Mitte.

In den Tabellen 8a und b sind die Einwirkungen von 1 und 2 für die Geländeneigungen von 1% bis 10% (Spalte 1), für die Kronenbreiten von 6 m und 6,5 m (Spalte 2), für die Grabenbreiten

---

1) Die Brechpunkte der äußeren Weggrenze sollten 3,5 m von der Höhenlage entfernt gesichert werden, es wird sich aber für einen späteren Ausbau empfehlen, die Höhenlagen der Mittelinien jedesmal nach den Einträgen in die Wegverzeichnisse neu zu bestimmen.

Tabelle 8a. 1 bis 5%.

Die erforderliche Erbreiterung der Wegfläche (Krone und Gräben) beträgt bei einer:

1	2	3	4	5	6	7	8	9
Gelände-Neigung von	Breite der		Einseitige Erbreiterung bei einer Grabenböschung von			Breite der ganzen Wegfläche bei einer Böschung von		
	Krone	Gräben	4/4	5/4	6/4	4/4	5/4	6/4
%	m	m	m	m	m	m	m	m
1°	6	1	0,042	0,055	0,07	8,08	8,11	8,14
„	„	1,25	0,046	0,06	0,07	8,59	8,62	8,64
„	„	1,5	0,05	0,062	0,075	9,10	9,12	9,15
„	„	1,75	0,052	0,07	0,08	9,60	9,64	9,66
„	„	2	0,054	0,08	0,09	10,10	10,16	10,18
2°	6	1	0,08	0,10	0,14	8,16	8,20	8,28
„	„	1,25	0,09	0,13	0,14	8,68	8,76	8,78
„	„	1,5	0,10	0,15	0,15	9,20	9,30	9,30
„	„	1,75	0,11	0,16	0,16	9,72	9,82	9,82
„	„	2	0,12	0,17	0,17	10,24	10,34	10,34
3°	6	1	0,13	0,17	0,21	8,26	8,34	8,42
„	„	1,25	0,14	0,18	0,22	8,78	8,86	8,94
„	„	1,5	0,15	0,19	0,23	9,30	9,38	9,46
„	„	1,75	0,155	0,20	0,24	9,81	9,90	9,98
„	„	2	0,16	0,21	0,26	10,32	10,42	10,52
4°	6	1	0,17	0,22	0,28	8,34	8,44	8,56
„	„	1,25	0,18	0,23	0,29	8,86	8,96	9,08
„	„	1,5	0,20	0,25	0,30	9,40	9,50	9,60
„	„	1,75	0,21	0,27	0,32	9,92	10,04	10,14
„	„	2	0,22	0,28	0,34	10,44	10,56	10,68
5°	6	1	0,22	0,28	0,35	8,44	8,56	8,70
„	„	1,25	0,23	0,29	0,36	8,96	9,08	9,22
„	„	1,5	0,25	0,31	0,38	9,50	9,62	9,76
„	„	1,75	0,26	0,32	0,40	10,02	10,14	10,30
„	„	2	0,26	0,34	0,43	10,52	10,68	10,86

von 1 m bis 2 m (Spalte 3) und ihrer Böschungen von 4/4, 5/4, 6/4 (Spalten 4, 5, 6) zusammengestellt und zuletzt die Erbreiterung für die Wegflächen berechnet (Spalten 7, 8, 9).

Wenn nun noch eine, unter Ziffer 3 erwähnte Erhöhung über die Ausgleichung auf die Mitte der Krone vorgenommen werden soll, dann

Tabelle 8 b. 6 bis 10 %.

Die erforderliche Erbreiterung der Wegfläche (Krone und Gräben) beträgt bei einer:

1	2	3	4	5	6	7	8	9
Gelände-Neigung von	Breite der		Einseitige Erbreiterung bei einer Grabenböschung von			Breite der ganzen Wegfläche bei einer Böschung von		
	Krone	Graben	4/4	5/4	6/4	4/4	5/4	6/4
%	m	m	m	m	m	m	m	m
6 %	6	1	0,27	0,34	0,43	8,54	8,68	8,86
"	"	1,25	0,28	0,35	0,44	9,06	9,20	9,38
"	"	1,5	0,30	0,37	0,45	9,60	9,74	9,90
"	"	1,75	0,31	0,38	0,48	10,12	10,26	10,46
"	"	2	0,31	0,40	0,50	10,62	10,80	11
7 %	6	1	0,31	0,40	0,50	8,62	8,80	9
"	"	1,25	0,32	0,42	0,51	9,14	9,34	9,52
"	"	1,5	0,35	0,44	0,52	9,70	9,88	10,04
"	"	1,75	0,36	0,45	0,54	10,22	10,40	10,58
"	"	2	0,37	0,46	0,58	10,72	10,92	11,18
8 %	6	1	0,32	0,46	0,58	8,64	8,92	9,16
"	"	1,25	0,35	0,48	0,59	9,20	9,46	9,68
"	"	1,5	0,40	0,50	0,60	9,80	10	10,20
"	"	1,75	0,41	0,51	0,61	10,32	10,52	10,72
"	"	2	0,42	0,52	0,65	10,84	11,04	11,30
9 %	6	1	0,40	0,52	0,65	8,80	9,04	9,30
"	"	1,25	0,42	0,54	0,66	9,34	9,58	9,82
"	"	1,5	0,45	0,56	0,67	9,90	10,12	10,24
"	"	1,75	0,47	0,56	0,69	10,44	10,62	10,88
"	"	2	0,48	0,60	0,70	10,96	11,20	11,40
10 %	6	1	0,47	0,60	0,70	8,94	9,20	9,40
"	"	1,25	0,45	0,61	0,72	9,40	9,72	9,94
"	"	1,5	0,50	0,62	0,75	10	10,24	10,50
"	"	1,75	0,52	0,65	0,80	10,54	10,80	11,10
"	"	2	0,54	0,70	0,85	11,08	11,40	11,70

sind den in den Tabellen 8 a und b enthaltenen Angaben für jeden Zentimeter Erhöhung das doppelte Maß an der Breite zuzusetzen. Hieraus wird man den Wert einer eingehenden Ermittelung über die Einfluß übenden Punkte vor Aufstellung der Baupläne erkennen.

Tabelle 9a.[1]) Tafel 5.

Masse für 1 m Länge der Wegform II: des Ausgleichungsdreiecks e e′ f (Spalte 4), des Trapezes b b′ e′ e (Spalte 5), und der Gesamtmasse der beiderseitigen gleichen Gräben und des Trapezes nach Grabenform I (Spalte 6), Grabenform II (Spalte 7), Grabenform III (Spalte 8):

1	2	3	4	5	6	7	8	1	2	3	4	5	6	7	8
Geländeneigung	Breite der		Masse des		Masse des Trapezes und der 2 Gräben nach den Formen			Geländeneigung	Breite der		Masse des		Masse des Trapezes und der 2 Gräben nach den Formen		
	Krone	Gräben	Dreieckes e e′ f	Trapezes b b′ e′ e	I 4/4	II 5/4	III 6/4		Krone	Gräben	Dreieckes e e′ f	Trapezes b b′ e′ e	I 4/4	II 5/4	III 6/4
%	m	m	cbm	cbm	cbm	cbm	cbm	%	m	m	cbm	cbm	cbm	cbm	cbm
1 %	6	1	0,045	0,047	0,53	0,43	0,37	6 %	6	1	0,27	0,28	0,76	0,66	0,60
"	"	1,25	"	0,060	0,80	0,69	0,58	"	"	1,25	"	0,36	1,10	0,99	0,88
"	"	1,5	"	0,072	1,13	0,95	0,77	"	"	1,50	"	0,43	1,49	1,31	1,13
"	"	1,75	"	0,086	1,62	1,32	1,06	"	"	1,75	"	0,52	2,05	1,75	1,49
"	"	2	"	0,10	2,06	1,68	1,36	"	"	2	"	0,60	2,56	2,18	1,86
2 %	6	1	0,09	0,09	0,57	0,47	0,41	7 %	6	1	0,32	0,32	0,80	0,70	0,64
"	"	1,25	"	0,12	0,86	0,75	0,64	"	"	1,25	"	0,41	1,15	1,04	0,93
"	"	1,50	"	0,14	1,20	1,02	0,84	"	"	1,50	"	0,50	1,56	1,38	1,20
"	"	1,75	"	0,17	1,70	1,40	1,14	"	"	1,75	"	0,60	2,13	1,83	1,57
"	"	2	"	0,20	2,16	1,78	1,46	"	"	2	"	0,70	2,66	2,28	1,96
3 %	6	1	0,14	0,14	0,62	0,52	0,46	8 %	6	1	0,36	0,38	0,86	0,76	0,70
"	"	1,25	"	0,18	0,92	0,81	0,70	"	"	1,25	"	0,48	1,22	1,11	1,00
"	"	1,50	"	0,21	1,27	1,09	0,91	"	"	1,50	"	0,58	1,64	1,46	1,28
"	"	1,75	"	0,26	1,79	1,49	1,23	"	"	1,75	"	0,69	2,22	1,92	1,66
"	"	2	"	0,30	2,26	1,88	1,56	"	"	2	"	0,80	2,76	2,38	2,06
4 %	6	1	0,18	0,19	0,67	0,57	0,51	9 %	6	1	0,41	0,42	0,90	0,80	0,74
"	"	1,25	"	0,24	0,98	0,87	0,76	"	"	1,25	"	0,53	1,27	1,16	1,05
"	"	1,50	"	0,29	1,35	1,17	0,99	"	"	1,50	"	0,64	1,70	1,52	1,34
"	"	1,75	"	0,35	1,88	1,58	1,32	"	"	1,75	"	0,77	2,30	2,00	1,74
"	"	2	"	0,40	2,36	1,98	1,66	"	"	2	"	0,90	2,86	2,48	2,16
5 %	6	1	0,23	0,23	0,71	0,61	0,55	10 %	6	1	0,45	0,47	0,95	0,85	0,79
"	"	1,25	"	0,30	1,04	0,93	0,82	"	"	1,25	"	0,60	1,34	1,23	1,12
"	"	1,50	"	0,36	1,42	1,24	1,06	"	"	1,50	"	0,72	1,78	1,60	1,42
"	"	1,75	"	0,43	1,96	1,66	1,40	"	"	1,75	"	0,86	2,39	2,09	1,83
"	"	2	"	0,50	2,46	2,08	1,76	"	"	2	"	1,00	2,96	2,58	2,26

[1]) Nur dadurch konnten die Erdmengen für die Kronenbreiten von 6 m und 6,5 m und Grabenbreiten von 1 m bis 2 m für diese Wegform in zwei Tabellen genau nachgewiesen werden, daß von einer getrennten Inrechnungstellung der ge-

Tabelle 9b. Tafel 5.

Masse für 1 m Länge der Wegform II: des Ausgleichungsdreiecks e e′ f (Spalte 4), des Trapezes b b′ e′ e (Spalte 5), und der Gesamtmasse der beiderseitigen gleichen Gräben und des Trapezes nach den Grabenformen I $^{4}/_{4}$ (Spalte 6), II $^{5}/_{4}$ (Spalte 7), III $^{6}/_{4}$ (Spalte 8).

1	2	3	4	5	6	7	8	1	2	3	4	5	6	7	8
Geländeneigung	Breite der		Masse des		Masse des Trapezes und der 2 Gräben nach den Formen			Geländeneigung	Breite der		Masse des		Masse des Trapezes und der 2 Gräben nach den Formen		
	Krone	Gräben	Dreieckes e e′ f	Trapezes b b′ e′ e	I $^{4}/_{4}$	II $^{5}/_{4}$	III $^{6}/_{4}$		Krone	Gräben	Dreieckes e e′ f	Trapezes b b′ e′ e	I $^{4}/_{4}$	II $^{5}/_{4}$	III $^{6}/_{4}$
%	m	m	cbm	cbm	cbm	cbm	cbm	%	m	m	cbm	cbm	cbm	cbm	cbm
1 %	6,5	1	0,053	0,05	0,53	0,43	0,37	6 %	6,5	1	0,32	0,31	0,79	0,69	0,63
"	"	1,25	"	0,06	0,80	0,69	0,58	"	"	1,25	"	0,38	1,12	1,01	0,90
"	"	1,50	"	0,07	1,13	0,95	0,77	"	"	1,50	"	0,46	1,52	1,34	1,16
"	"	1,75	"	0,09	1,62	1,32	1,06	"	"	1,75	"	0,55	2,08	1,78	1,52
"	"	2	"	0,11	2,07	1,69	1,37	"	"	2	"	0,65	2,61	2,23	1,91
2 %	6,5	1	0,10	0,10	0,58	0,48	0,42	7 %	6,5	1	0,37	0,35	0,83	0,73	0,67
"	"	1,25	"	0,12	0,86	0,75	0,64	"	"	1,25	"	0,44	1,18	1,07	0,96
"	"	1,50	"	0,15	1,21	1,03	0,85	"	"	1,50	"	0,54	1,60	1,42	1,24
"	"	1,75	"	0,18	1,71	1,41	1,15	"	"	1,75	"	0,65	2,18	1,88	1,62
"	"	2	"	0,22	2,18	1,80	1,48	"	"	2	"	0,77	2,73	2,35	2,03
3 %	6,5	1	0,16	0,15	0,63	0,53	0,47	8 %	6,5	1	0,43	0,41	0,89	0,79	0,73
"	"	1,25	"	0,19	0,93	0,82	0,71	"	"	1,25	"	0,52	1,26	1,15	1,04
"	"	1,50	"	0,23	1,29	1,11	0,93	"	"	1,50	"	0,62	1,68	1,50	1,32
"	"	1,75	"	0,28	1,81	1,51	1,25	"	"	1,75	"	0,74	2,27	1,97	1,71
"	"	2	"	0,33	2,29	1,91	1,59	"	"	2	"	0,86	2,82	2,44	2,12
4 %	6,5	1	0,21	0,21	0,69	0,59	0,53	9 %	6,5	1	0,48	0,45	0,93	0,83	0,77
"	"	1,25	"	0,26	1,00	0,89	0,78	"	"	1,25	"	0,57	1,31	1,20	1,09
"	"	1,50	"	0,31	1,37	1,19	1,01	"	"	1,50	"	0,69	1,75	1,57	1,39
"	"	1,75	"	0,37	1,90	1,60	1,34	"	"	1,75	"	0,83	2,36	2,06	1,80
"	"	2	"	0,43	2,39	2,01	1,69	"	"	2	"	0,98	2,94	2,56	2,24
5 %	6,5	1	0,27	0,25	0,73	0,63	0,57	10 %	6,5	1	0,53	0,51	0,99	0,89	0,83
"	"	1,25	"	0,32	1,06	0,95	0,84	"	"	1,25	"	0,64	1,38	1,27	1,16
"	"	1,50	"	0,39	1,45	1,27	1,09	"	"	1,50	"	0,77	1,83	1,65	1,47
"	"	1,75	"	0,47	2,00	1,70	1,44	"	"	1,75	"	0,92	2,45	2,15	1,89
"	"	2	"	0,55	2,51	2,13	1,81	"	"	2	"	1,08	3,04	2,66	2,34

ringen Unterschiede der Abtragshöhen der verschiedenen Grabenböschungen abgesehen wurde. Die Höhe der $^{5}/_{4}$ Böschung, welche wohl am meisten gewählt werden wird, ist der Berechnung zugrunde gelegt worden.

Bei der Wegform II kommt — als Unterschied von Form I — zu der Masse des Aushubes aus den beiderseitigen Gräben noch die Abtragsmenge oberhalb des Grabens auf der Bergseite, das Trapez b b′ e′ e der Tafel 5, Zeichnung 1). Wenn der Wegkörper nicht durch Auffüllung erhöht wird, muß auch noch die Masse der oberen Kronenhälfte zur Ausfüllung der unteren bewegt werden (e e′ f nach f g′ g), sobald aber eine Erhöhung des Wegkörpers vorgenommen werden soll, läßt man den gewachsenen Boden dieser oberen Kronenhälfte (das Ausgleichungsdreieck e e′ f) je nach der Höhe der Auffüllung unberührt.

Auf der Talseite ist der Abtrag oberhalb des Grabens so gering, daß er bei einem mit Überzug versehenen Boden kaum zur Ausfüllung des Dreiecks g g′ g^3 reicht.

Die Berechnung der Aushubmassen ist nur für Grabenbreiten von 1 m bis 2 m mit $^1/_4$ m Abstand ausgeführt, für einen geringeren Abstand von $^1/_8$ m läßt sich das Mittel zweier Angaben leicht im Kopfe berechnen.

Der Inhalt des Ausgleichungsdreieckes e e′ f (Spalte 4) steigt nur mit dem Prozentsatz.

Der Inhalt des Abtragstrapezes b b′ e′ e (Spalte 5) steigt mit dem Prozentsatz und der Grabenbreite, bei jeder Erhöhung der Wegkrone vermindert er sich, wie später noch gezeigt werden wird.

Die Gesamtmasse — Abtragstrapez und die beiderseitigen Gräben — ist nach Maßgabe der Böschung für $^4/_4$, $^5/_4$ und $^6/_4$ (Spalten 6, 7 und 8) berechnet.

Vor dem Ausbau dieser Wege sind zunächst folgende Fragen zu erwägen und festzustellen:

1. ob die Wegkronen erhöht werden sollen oder nicht?
2. ob sie Erdwege bleiben können, oder ob das Auflegen einer Steinbahn geboten erscheint?

Ist eine Erhöhung der Krone nicht erforderlich und können die Wege auch Erdwege bleiben — das sind die Fälle in trockenen Lagen und mit festen Steinen reichlich gemengtem Boden — dann ist nur die Wegkrone auf ihre Mitte auszugleichen und eine Wölbung herzustellen; ersteres geschieht durch den Abtrag des Ausgleichungsdreiecks e e′ f und den Auftrag auf die tiefere Kronenhälfte f g′ g, letzteres durch das Ausheben der zur Wölbung erforderlichen Erdmassen von 0,72 cbm.

Diese liefern im Gelände von 2 % Neigung bei einer Kronenbreite von 6 m (Tabelle 9a):

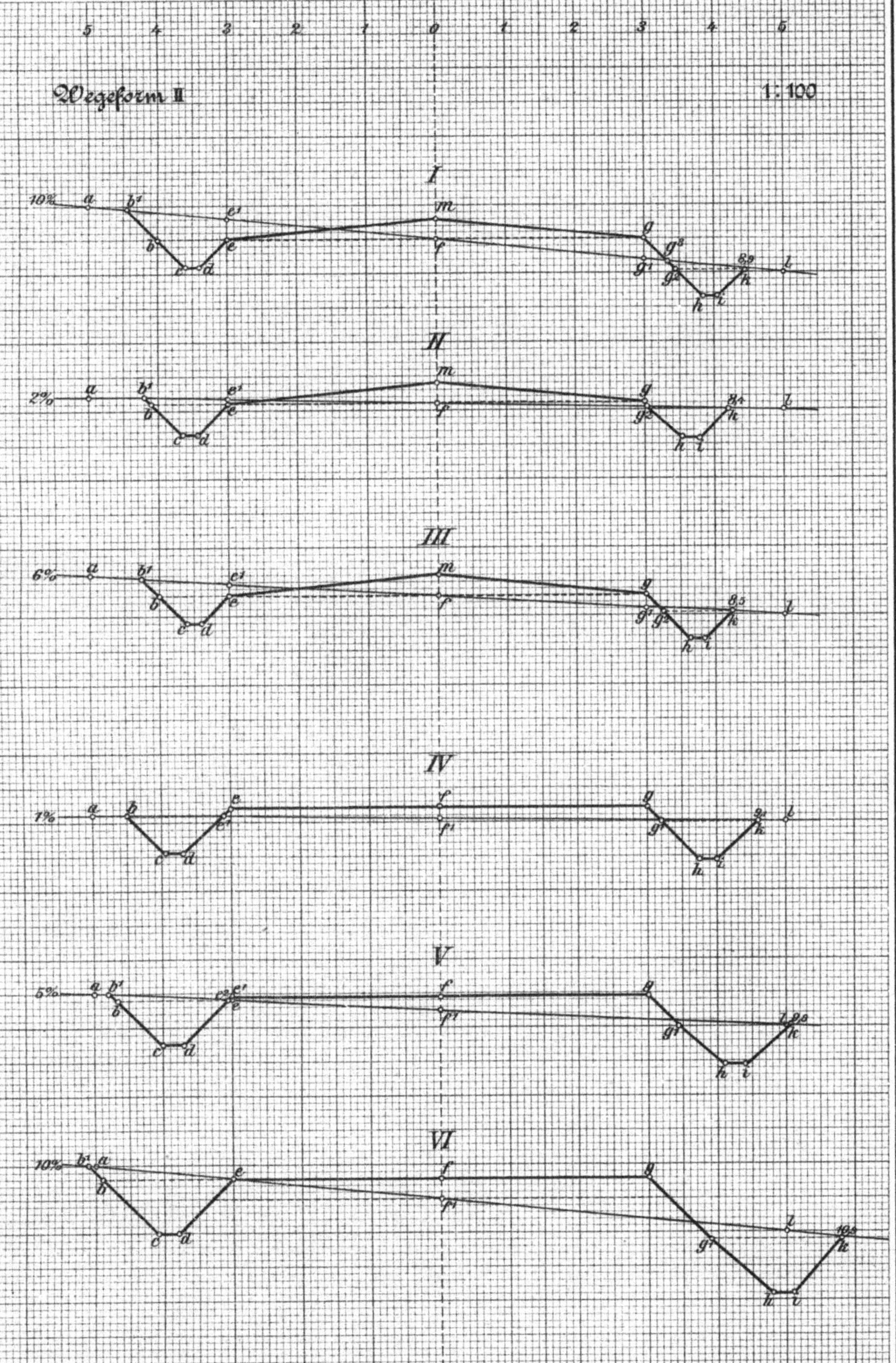

Verlag von Julius Springer in Berlin.
Geogr.-lith. Anst. u. Steindr. v. C. L. Keller in Berlin.

Tafel 5, Zeichnung II

bei 4/4 Böschung	2 Gräben v.	1,12 m Breite	(Tab. 9a)	$\frac{57-86}{2}$	= 0,72 cbm
„ 5/4 „	2 „	„ 1,25 „	„ „ „		0,75 „
„ 6/4 „	2 „	„ 1,4 „	„ „ „	$\frac{64+84}{2}$	= 0,74 „

Bei 6 % Neigung (Tafel 5, Zeichnung III) und

bei 4/4 Böschung	2 Gräben von	1 m Breite	(Tab. 9a)	= 0,76 cbm
„ 5/4 „	2 „	„ 1,1 „	„ „ „	= 0,78 „
„ 6/4 „	2 „	„ 1,2 „	„ „ „	= 0,80 „

Bei stärkerer Neigung müßte schon überschüssige Erde zu einer geringen Erhöhung der Krone verwendet werden, um nicht schmälere Gräben als 1 m anzuwenden.

In allen Fällen einer wünschenswerten Erhöhung der Wegkrone muß je nach den örtlichen Verhältnissen mit Hilfe der Massetabellen 9 erwogen und festgestellt werden, welche Grabenbreiten zu wählen sind, um den erforderlichen Baustoff für Herstellung der erwünschten Höhe zu erhalten.

Hierbei ist zu beachten, daß jede Erhöhung der Krone das Abtragstrapez vermindert und dieser verminderte Körpergehalt von dem Gesamtinhalt der Spalten 6, 7 und 8 abgezogen werden muß.

Soll z. B. eine Wegkrone auf ihren höchsten Punkt e′ ausgeglichen werden, dann verschwindet das Abtragstrapez als solches nahezu ganz, bei 10 % Geländeneigung und 1 m Grabenbreite bis auf $\left(\frac{1}{2} \cdot 0{,}1\right)$ 0,05 cbm,

bei 5 % bis auf $\left(\frac{1}{2} \cdot 0{,}05\right)$ 0,025 cbm,

bei 2 m breiten Gräben bleibt der doppelte Körperinhalt zum Abtrag übrig.

Das Ausgleichen einer Wegkrone auf ihren höchsten Punkt e′ erfordert noch die vierfache Masse des Ausgleichungsdreiecks (Spalte 4), welches dann selbstredend unberührt bleibt.

Wenn in gering geneigtem Gelände — etwa 1 % bis 5 % — der Wegkörper erhöht werden soll, geschieht es zunächst durch Ausgleichung der Krone auf ihren höchsten Punkt e′, aber oft genügt dies nicht, um die wünschenswerte Erhöhung zu erzielen, es muß dann über diesen Punkt hinaus aufgetragen werden.

(An den Beispielen, welche dies erläutern sollen, wird stets eine Kronenbreite von 6 m unterstellt).

Beispiel 1, Zeichnung IV:

Im Gelände von 1 % soll ein Weg „15 cm" über die mittlere Krone erhöht werden.

Zu der Ausgleichung auf den höchsten Punkt der Krone sind (4 . 0,045, Spalte 4) = 0,180 cbm nötig, wodurch die Erhöhung von 3 cm (Tabelle 1) erreicht wird. Die fehlenden 12 cm erfordern (12 . 0,06) = 0,72 cbm, also im ganzen = 0,90 cbm.

Diese werden beschafft, wenn eine Wölbung unterbleibt:

bei $^4/_4$ Böschung durch 2 Gräben von 1,37 m Breite

$$\left(\frac{0,80+1,13}{2}\ \text{Spalte 6} - 0,066\ \text{Spalte 5}\right) = 0,90\ \text{cbm}$$

bei $^5/_4$ Böschung durch 2 Gräben von 1,50 m Breite
(0,95 Spalte 7 — 0,07 Spalte 5) = 0,88 cbm

bei $^6/_4$ Böschung durch 2 Gräben von 1,75 m Breite
(1,06 Spalte 8 — 0,09 Spalte 5) = 0,97 cbm

Das Abtragstrapez fällt in diesem Falle der Erhöhung über den höchsten Punkt der Krone weg, daher der Abzug von 0,066 cbm usw. Wegen der zu belassenden Riegel wird statt 1,37 m Grabenbreite fürsorglich 1,4 m Breite $^4/_4$ zu wählen sein.

Nach Tabelle 8a ist für 1 % Neigung und 1,5 m Grabenbreite die Breite der Wegfläche 9,1 m, für 1,4 m Grabenbreite wird sie sich auf 8,8 m verringern; durch die 15 cm Erhöhung kommt der doppelte Betrag mit 30 cm zu der Wegflächenbreite, wodurch sie sich auf 9,1 erweitert, wie die Zeichnung IV auf Tafel 5 nachweist und zwar auf beiden Seiten zu gleichen Teilen.

Beispiel 2, Zeichnung V:

Bei einer Geländeneigung von 5 % ist ein Weg 20 cm über die mittlere Kronenhöhe auszubauen.

Zur Ausgleichung auf den höchsten Punkt der Krone bedarf es einer Masse von (4 . 0,23 Spalte 4, Tabelle 9a) = 0,92 cbm, welche eine Erhöhung von 15 cm herstellt. Die fehlenden 5 cm erfordern noch weitere (5 . 0,06) 0,30 cbm, es sind also im ganzen 1,22 cbm Baustoff zu beschaffen.

Diese erfolgen ohne Wölbung:

bei $^4/_4$	Böschung	aus	2	Gräben	von	1,6 m —	mit 1,24 cbm
„ $^5/_4$	„	„	2	„	„	1,8 „ —	„ 1,30 „
„ $^6/_4$	„	„	2	„	„	2,0 „ —	„ 1,26 „

welche Masse sich aus Tabelle 2 bei den entsprechenden Grabenbreiten und Böschungsmaßen ergeben.

Beispiel 3, Zeichnung VI: 4/4 Böschung.

Bei der Geländeneigung von 10% soll der Weg nur auf den höchsten Punkt seiner Krone ausgeglichen werden, was bei der Kronenbreite von 6 m eine Erhöhung über ihre Mitte von $\left(\frac{6}{2} \cdot 10\,\%\right) = 30$ cm bedeutet.

Das Ausgleichungsdreieck wird vollständig zur Bildung des neuen Wegkörpers verbraucht, es fehlt nur noch sein vierfacher Inhalt (4 . 0,45) = 1,80 cbm zur Herstellung der Erhöhung, welcher durch das Ausheben von 2 Gräben (4/4) von 1,9 m Breite = 1,80 cbm gewonnen wird.

Das Abtragstrapez ist durch die Erhöhung der Krone auf ihren höchsten Punkt bis auf ein kaum zu beachtendes Dreieck verschwunden.

Von diesen Beispielen geben auf Tafel 5 die Querschnitt-Zeichnungen das genaue Bild der Ausführungen nach den Maßen der Gräben und der Erhöhung.

Wenn man bedenkt, daß die Mehrzahl unserer heutigen Waldwege in ebenem und schwach geneigtem Gelände tiefer liegen, als die Oberflächen ihrer Angrenzung, so darf es als ein erheblicher Vorteil erachtet werden, wenn eine Erhöhung, wenn auch nur von 20 bis 30 cm über die seitliche Fläche erzielt werden kann. Ein durch zwei beiderseitige Gräben aus seiner Umgebung gleichsam losgelöster, freistehender und gehobener Wegkörper bildet die sicherste Gewähr für die Herbeiführung der wichtigsten Eigenschaft der Waldwege, die Trockenhaltung.

Eine annehmbare Erhöhung der Wegkronen ist die erste, billigste und wirksamste Stufe zur Verbesserung der Wegverhältnisse im Walde.

Mit dem Beginn und dem Fortschreiten der Geländeneigung vollzieht sich bei der Wegform II, verhältnismäßig zunehmend, ein Unterschied in der Höhenlage der Sohlen gleichgeformter Gräben beiderseits der Wege.

Bei 1% Neigung, 6 m Kronenbreite und 1 m breiten Gräben mit 4/4 Böschung beträgt dieser Unterschied 0,05 m, mit jedem Prozentsatz nimmt er ebensoviel zu, bei 10% ist die Verschiedenheit der Sohlenhöhe schon 0,5 m, durch eine Erbreiterung der Kronen und Gräben steigt sie auch noch, und der Wechsel in dem Böschungsmaß kann ebenfalls noch einen Unterschied der Sohlenhöhe herbeiführen, weil Gräben mit gleicher Breite bei einer Verflachung an Tiefe verlieren.

Namentlich bei feuchten Lagen ist diese Tatsache von Bedeutung.

Das im Boden vorhandene und das von außen eindringende Wasser sickert unter der Oberfläche dem Hange folgend immer weiter. Die Fortbewegung dauert selbstredend in sanft geneigten Lagen und in schwerem Boden länger und nachhaltiger als in lockerem Erdreich und in lehnen Einhängen. Ein entsprechend tiefer Graben auf der Bergseite hält das sich ansammelnde Wasser von dem Wegkörper möglichst ab, indem er es in die Tiefe abführt, aber ein Graben auf der Talseite, wenn seine Sohle **tiefer** als die des oberen Grabens liegt, wirkt noch am meisten, indem er den Abzug des Wassers und damit die Trockenhaltung des Wegkörpers erheblich fördert.

Bei 10 % Neigung, 6 m breiter Krone ist, wie schon gezeigt, das Ausgleichungsdreieck: 3 m breit, 0,3 m hoch und hat $\left(\frac{3 \cdot 0{,}3}{2}\right)$ 0,45 cbm Masse, welche bei dem Ausbau der Wegkrone nur soweit abzutragen ist, als die Erhöhung reicht.

Bei	0,1 m	Erhöhung	bleiben	0,25 cbm	unberührt	oder	55 %
„	0,2 „	„	„	0,40 „	„	„	90 %
„	0,3 „	„	„	0,45 „	„	„	100 %

Nach diesem Maßstab können die Massen der Dreiecke für die niederen Prozente berechnet oder geschätzt werden.

Der Waldwegebau kann und muß sich der Kostenersparnis halber von dem Bau der öffentlichen Wege dadurch unterscheiden, daß bei ihm in der Regel die kostspieligen Vorarbeiten, bestehend in Aufstellung besonderer Pläne und Kostenanschläge für jeden einzelnen Weg erspart bleiben. Obgleich auch im Walde — wie gezeigt — die Massenermittelungen genau festgestellt werden sollen, ist doch bezüglich der Bestimmung der Bewegungskosten nicht **der** Wert darauf zu legen, wie bei anderen Bauten, wo große Mengen auf weite Strecken fortzuschaffen sind. Im Walde bei unregelmäßiger, durch Wurzelgeflecht verfilzter Oberfläche ist meistens die Arbeit, welche dieser Zustand herbeiführt, ungleich höher zu veranschlagen, als die einfache Bewegung der Erdmengen, welche nur ausnahmsweise auf größere Entfernungen zu verbringen, vielmehr meistens aus nächster Nähe zu bewältigen sind.

Die berechneten Massen gründen sich, wie nicht anders möglich, auf regelmäßige Körperformen, die Wirklichkeit der Naturgebilde entspricht diesen in der Oberfläche nur annähernd; daher muß bei unregelmäßigen Ausformungen oft durch Messung und Schätzung ermittelt werden, wo ab- und zugegeben werden muß.

Bei den Wegformen I und II ist hauptsächlich darauf zu achten, ob die abgesteckte Mittelinie die Oberfläche des Wegezuges streift oder welche Abweichungen von Belang, + oder —, dabei vorkommen, und danach sind die sich ergebenden und die erforderlichen Mengen so genau als tunlich festzustellen.

Bei gerade verlaufenden Absteckungen ist von einer Berichtigung durch seitliche Krümmung der Wegachse möglichst abzusehen und wenn nicht durch streckenweise Erbreiterung der Gräben geholfen werden kann, besser eine nötige Ausgleichung durch Bewegung von nahgelegenen Füllstoffen zu bewirken.

Im Verlaufe eines Wegezuges werden auch Wechsel in der Geländeneigung vorkommen. Sind es längere Strecken, dann legt man auf die Grenze derselben vermittelnde kurze Wegstücke ein und läßt auf den Zusammenführungspunkten Riegel stehen.

Wechseln die Neigungsunterschiede in kurzen Zwischenräumen, dann wählt man die für die stärkeren Neigungen festgestellten Maße. Niemals darf die Kronenbreite darunter leiden.

Kann ein geringer Mangel oder Überschuß an Füllstoff durch Abänderung an der Grabenbreite beseitigt werden, dann wählt man dazu die tiefer liegenden Gräben; auf der unteren Wegseite fallen solche Veränderungen weniger in die Augen als bei dem oberen Verlauf der Gräben.

Der wesentliche Unterschied dieser Wegform gegen Form I besteht in der verschiedenen Lage der Gräben. Diese werden auf der oberen Seite in gleicher Höhe mit der ausgeglichenen Wegkrone ausgehoben, auch in den Fällen einer Erhöhung der Krone, so lange diese bis zum höchsten Punkte des Ausgleichungsdreiecks reicht. (Tafel 5, Zeichnungen I, II, III).

Wird über diesen Punkt hinaus erhöht, wie bei den Zeichnungen IV und V, dann erhalten die Wegkörper auch auf der Bergseite eine geringe, mit den Gräben gemeinschaftliche Böschung.

Bezüglich der Vorbereitungen zum Ausbau der ins einzelne gehenden Absteckungen, welche die Punkte der Querschnitte vorschreiben, und der Fertigstellung selbst, gilt alles bei dem Bau der Wegform I bereits Gesagte.

2. Der Wege des Gebirges.

a) Die Form III. (Tafel 1 Zeichnung III.)

Im Gelände über 10% ist diese Form in trockenen, steinigen Lagen die am meisten zur Anwendung kommende und gleichzeitig die einfachste in der Bauart.

Für die Wege des Gebirges bestimmt der Leitpfad ihre Höhenlage, nicht immer ihre Richtung[1]).

Nur in regelmäßig verlaufenden Abhängen schmiegt sich die Meßlinie, von dem Kopfe des einen Höhenpfahles bis zum nächsten, genau der von Holz und Bodenüberzug gereinigten Erdoberfläche an. Diese Linie ist dann auch der Anhalt für die Bauausführung.

Der Weg wird hergestellt, indem man von der gedachten Linie ausgehend in der Richtung nach dem Berge eine etwa 5% ansteigende Fläche in der beabsichtigten Breite durch den Abtrag ausführt und mit der gewonnenen Abtragsmenge durch gleichmäßige Anschüttung von der Meßlinie abwärts eine Fläche von mindestens ebener Lage bildet.

Bei einer Geländeneigung von 10% bis annähernd 30% wird sich mit einem Abtragskörper von ungefähr 3 m Breite in der Regel eine ebenso breite Auftragsfläche herstellen lassen, aber mit zunehmender Neigung nimmt dieses Verhältnis stetig ab, indem der Abtragskörper immer geringere Breiten als die seinigen zu stande bringt und schließlich wegen Steilheit der Abhänge eine haltbare Wegerbreiterung sich durch Anschüttung gar nicht mehr ausführen läßt.

In meinen Arbeitsfeldern wurden die Wege des Gebirges durch Leitpfade gesichert, oft nur stückweise mit örtlichen Unterbrechungen. Höherer Bestimmung zufolge durften dieselben nur 0,70 m breit ins feste Erdreich gebaut werden. Um sie wenigstens z. B. im Laubholz nach dem Laubabfall erkennbar und überall gangbar zu gestalten, wurde meistens die Abtragsmasse gegen die Regel[2]), anstatt sie etwa 0,5 bis 1 m unter die Meßlinie auszubreiten, in gleicher Höhe mit dem Pfade angesetzt und dadurch die Meßlinie verdunkelt.

Vor dem Ausbau einer Wegstrecke ist unter allen Umständen die Absteckung an der Hand der Wegeverzeichnisse zu prüfen, bezw. zu erneuern, schon zur Sicherheit, daß allenfalls bei der Sicherung unterlaufene Ungenauigkeiten oder Fehler bei dem Wegausbau nicht bestehen bleiben.

---

1) Siehe meine Einteilung der Forsten: Abschnitt III. 10, Seite 71.

2) Siehe desgleichen, Abschnitt IV. 3. Seite 112.

Sind vorhandene Leitpfade bei ihrer Anlage zum Vorteil besserer Wegbarmachung über den Punkt a der untenstehenden Querschnittzeichnung hinaus erbreitert worden, dann sucht man bei Erneuerung der Meßlinie die Höhenpfähle wieder in die ursprüngliche Richtung von „a" zu bringen.

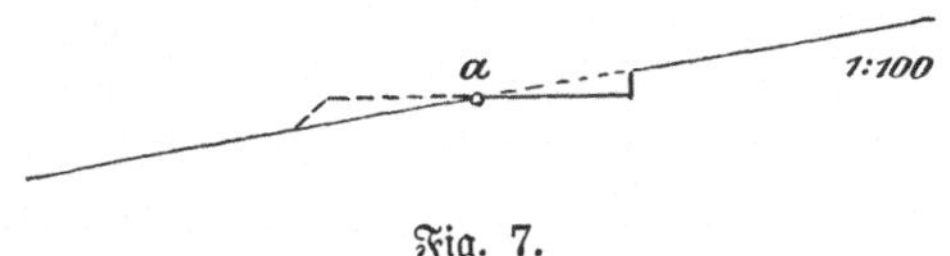

Fig. 7.

Durch Abräumung der früher angeschütteten Erde an den neu gewählten Meßpunkten ist dies leicht nach dem Augenmaß zu bewerkstelligen.

Nur in regelmäßigen Bergwänden bleibt die Meßlinie der Anhalt für die Lage der Wege. In Geländeneigungen, bei denen mit der Abtragsmasse eine gleiche Auftragsfläche hergestellt werden kann, gibt sie auch die Wegmittelinie ab, in steileren Lagen bleibt sie nur die gleichlaufende mit ihr.

Bei regelmäßigen Abdachungen darf man bei dem Festlegen der Meßlinien vor dem Ausbau einer Strecke die Prüfung nicht unterlassen, wieweit die einzelnen Höhenpfähle von der geraden Linie abweichen. Sind diese Entfernungen streckenweise nicht bedeutend, z. B. nicht über 0,5 m und läßt sich zwischen ihnen eine verbesserte Meßlinie legen, welche die einzelnen Höhenpfähle rechts und links liegen läßt, dann kann auch im Gebirge oft eine längere gerade Wegstrecke erzielt werden, ohne dadurch eine nennenswerte Verteuerung des Baues herbeizuführen.

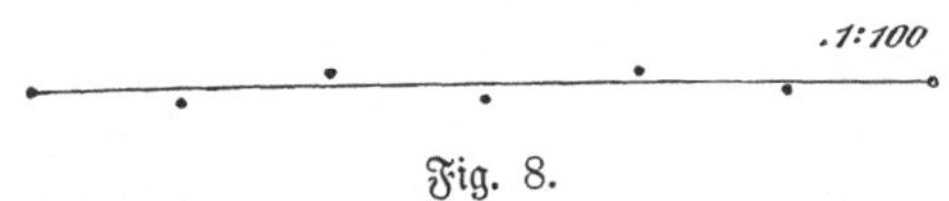

Fig. 8.

Weil die Leitpfade nur in das feste Erdreich eingebaut werden können, kann in unregelmäßig ausgeformten Abhängen mit wechselnden Ein- und Ausbuchtungen nur die Höhenlage der Wege mit ihnen gesichert werden, nicht immer ihre Richtung: die Lage der Mittelinie oder eine Seitenlinie des künftigen Weges. Die Leiter der Sicherungsarbeiten sollen zwar schon dahin streben, möglichst die Richtung des Weges zu kennzeichnen, wenn z. B. die Meßlinie teilweise in der Luft liegt und dann wieder festes Land durchschneidet, diese Durchstiche mit Rücksicht auf die beste Weglage bestimmen, aber bei dem Ausbau kann die Wegführung doch genauer auch mit Rücksicht auf Ab- und Auftrag geregelt werden.

Für Wege, welche in sehr verworfenem Gelände verlaufen, ist die Regelung der Meßlinie als Anhalt für den Ausbau nicht so leicht, wie in lang gestreckten Bergwänden. Gut ausgeführte Leitpfade erleichtern die Arbeit; wo diese fehlen, besteckt man nach dem Niederlegen der Meßlinie die einzelnen Meßpunkte mit Stäben und sucht zwischen diesen die kunstgerechteste, zweckdienlichste und hinsichtlich des Kostenpunktes annehmbarste Linie zu entwerfen. Der Grundsatz muß dabei im Auge behalten werden: wenn bei einer Wegführung im Gebirg von der geraden Linie abgewichen werden muß, ist an ihre Stelle die richtig gestaltete Bogenlinie zu setzen.

Wenn bei der Absteckung schwieriger, oft wechselnder Krümmungen oder bei langen Bogenlinien das Augenmaß nicht ausreicht, greift man zu den geometrischen Hilfsmitteln. Am meisten empfiehlt sich im Walde das sog. Koordinaten-Verfahren[1]).

Bei dem Aufhieb der Wege ist bereits betont worden, wie vorteilhaft es für den Wegebau ist, durch zeitiges Fällen des Holzes reine Bahn zu schaffen, namentlich auch stärkere Stämme nicht zu hauen, sondern roden zu lassen, um die Hebelkraft des fallenden Baumes zwecks billigen Wegebaues auszunutzen. Es können jedoch Fälle vorkommen, in denen wegen schwieriger Abfahrt und zum Erzielen des vollen Holzwertes die Holzfällung gleichzeitig mit dem Wegebau vorzunehmen erwünscht ist. Bei dem Ausbau der Wege des Gebirges ist dies am ehesten zulässig, weil hier das Stockroden meistens keine besonderen Kosten verursacht. Dabei muß die Holzwerbung zuerst auf der Auftragsfläche vorgenommen werden, die Stockrodung kann dabei unterbleiben, sobald die Stöcke etwa 30 cm mit der Schüttung bedeckt werden. Das auf dem Abtragskörper stockende Holz wird aber durch die Erdarbeit ohne besondere Rodung auf billigste Weise mit sämtlichem Wurzelwerk gewonnen.

Je steiler das Gelände, um so ausgiebigere Vorbereitungen sind auf der Auftragsfläche geboten. Schon auf dem Gelände von 10% Neigung an darf neben der Säuberung von allem Laub und sonstigem Bodenüberzug auch ein grobscholliges Verwunden des Bodens nicht versäumt werden und mit zunehmender Geländeneigung ist dieses noch eingehender vorzunehmen, damit die beiderseitigen Erdschichten sich gegen-

[1]) Siehe meine Einteilung der Forsten: Abschnitt V. 2, Die Wegkrümmungen.

seitig innig verbinden und spätere Abrutschungen auf glatten Flächen vermieden werden. In sehr steilen Lagen und bei dem Bau über feuchte Mulden, alte Hohlwege und Holzschleifen ist besondere Fürsorge geboten, daß von vorneherein der Ausbau an diesen Stellen gut gesichert wird. Senkrecht auf die Geländeneigung ausgehobene grabenähnliche Einschnitte, wagrecht übereinander liegend, verhindern das rasche Abrollen der Anschüttung und befördern die gute Verbindung der Schuttmassen.

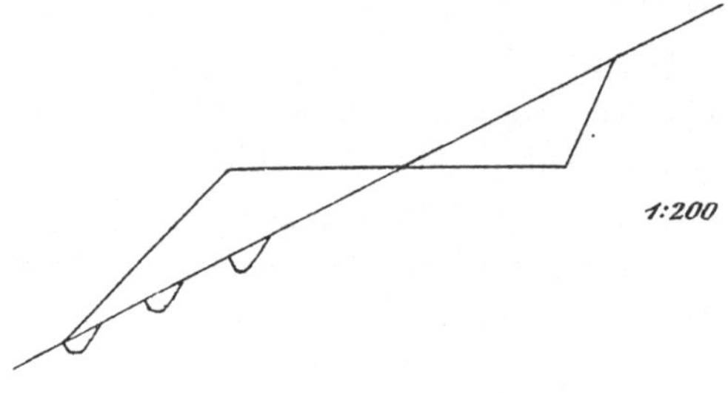

Fig. 9.

Die Breiten der Ausladungen können aus der bei Besprechung der „Wegböschungen" beigegebenen Zusammenstellung — Tabelle 5 — ersehen werden. Diese zeigt im ersten Absatz von 10 bis 60% Geländeneigung in Abstufungen von 5 zu 5% die Ausladungsbreiten für 3 m Auftrag bei $^4/_4$, $^5/_4$, $^6/_4$ Böschung. Der zweite Absatz gibt die Breiten für Neigungen von 40 bis 70% für 2 m Auftrag an, der dritte diejenigen von 70 bis 90% bei 1 m Auftrag nur für $^4/_4$ Böschung.

Mehr als eine 2 m breite Fläche von der Ausladung soll nicht zur Wegfläche verwendet bezw. gerechnet werden, und diese soll holzleer bleiben. Für 30% Neigung zeigt gedachte Tabelle bei $^4/_4$ Böschung und 3 m Auftrag 1,25 m wagrechte Ausladungsbreite, bei $^5/_4$ = 1,80 m, bei $^6/_4$ schon 2,4 m.

Bei 40% Geländeneigung wird die Abtragsbreite eines Weges schon erweitert werden müssen, weil meistens eine gleiche Auftragsbreite nicht mehr erzielt werden kann, zumal wenn Böschungen von $^5/_4$ und $^6/_4$ zur Befestigung der Anschüttungen nötig werden.

Bei höheren Prozentsätzen von 40 ab hat die Angabe der Ausladungsbreiten keine Bedeutung mehr, weil die bei Herstellung der erforderlichen Wegbreiten überschüssigen Abtragsmassen, je nach ihrer Beschaffenheit, diese verschieden und kaum bestimmbar vergrößern.

Über 70% ist es fraglich, ob man eine Auftragsbreite bilden kann und soll, die erdigen Abtragsmengen läßt man sich am besten über das tieferliegende abschüssige Gelände verkrümeln und vorkommende Steine kann man vielleicht anderweitig nutzbringend verwenden.

Die Fläche der Wegform III erhält beim Ausbau eine Steigung in der Querrichtung nach dem Berge von etwa 5 %. Es ist von Bedeutung, daß man diesen Anstieg, d. h. die Stoffmenge oberhalb der wagerecht gedachten Linie von dem gewachsenen Boden bei dem Abtrag der übrigen Massen gleich sitzen läßt, daher ist nicht zu versäumen, beim Beginn der Arbeit dem gewünschten Prozentsatz gemäß einzusetzen und lieber einen höheren als niedrigeren zu wählen, damit bei der endgültigen Regelung der Wegfläche auf der oberen, abgetragenen Weghälfte eher Abtrag, als Auffüllung loser Mengen nötig wird.

Dagegen läßt man die Auftragsfläche nach dem Tale in Berücksichtigung des zu erwartenden Setzens, je nach der Höhe und Zusammensetzung des Auftrags, mindestens eben ausgleichen, oder bei hohem Auftrag etwas talwärts ansteigen. Bei richtiger Bemessung wird sich dann die talseitige Neigung von selbst bilden; je nach der Art der Füllstoffe dauert es oft längere Zeit; erdige Mengen setzen sich mehr, als mit Steinen gemengte Massen.

Sobald zwecks Ausbaues einer früher abgesteckten Wegrichtung die Erneuerung der Meßlinien vorgenommen wird, gibt man den neuen Höhenpfählen einen Stand, auf dem sie während des Baues geschützt werden können, man bestimmt auch zwischen die gewöhnliche Entfernung der Meßpunkte noch einen oder mehrere Hilfs-Höhenpfähle, ähnlich der Merkpfählchen beim Bau der Leitpfade[1]).

Rund um die Höhenpfähle schlägt man eine Anzahl Schutzpfähle, welche aber das Aufstellen des Gefällmessers neben dem Höhenpfahl für die Prüfung der Ausführung nicht hindern.

Bei Regelung der Wegrichtung in unregelmäßigem Gelände durch Bildung gerader Linien oder Absteckung regelmäßiger Bogenlinien zwischen den Höhenpfählen der Meßlinie müssen oft außer diesen noch Richtungspfähle als Anhaltspunkte für die richtige Herstellung der Weglage gesetzt werden.

Bei allen Wegen des Gebirges kommt es hauptsächlich darauf an, daß die obere bergseitige Weggrenze entweder eine gerade Linie oder bei dem Übergang in die Bogenlinie eine regelmäßige, dem Auge gefällige Krümmung darstellt.

---

[1]) Meine Einteilung der Forsten Abschnitt IV. 3, Seite 108.

Es ist schon früher erwähnt worden, daß im Gebirge die talseitigen Weggrenzen unregelmäßig verlaufen dürfen, sie bilden sich besonders in stark geneigten Lagen gewöhnlich von selbst. Bei stärkeren Krümmungen um vorspringende scharfe Rücken ist sogar eine Erbreiterung der Fahrbahn geboten, und an vorhandenen Ausbuchtungen des Geländes werden bei richtiger Ausführung der oberen Weggrenze häufig nutzbringende Stellen für Schotterablage usw. geschaffen. Die unregelmäßige Außengrenze der Wege ist in solchen Lagen die natürliche, sie behindert weder den Fuhrmann, noch beleidigt sie den Schönheitssinn.

Bei dem Ausbau der Wege nach Form III, welche in der Regel keine volle Steinbahn erhalten sollen, muß die Arbeiter stets die Absicht leiten, erdige, steinfreie Stoffe oder weiches Gestein in die unteren Schichten des Auftrags zu bringen, dagegen mit festem Gestein stark gemengte Erde oder feste Steinmengen und guten Kies für die oberste Auftragsschichte zu verwenden. An allen Orten, wo guter Wegbaustoff mit minderwertigem wechselt, muß stets in diesem Sinne gehandelt werden.

In manchen Gebirgsorten wechseln Schichten und Gänge vorzüglicher Gesteinsarten mit minder guten, unter allen Umständen muß die oberste Auftragsschichte von dem ersteren besten Gestein hergestellt werden, denn das Verkarren macht sich in solchen Fällen für den Waldbesitzer doppelt bezahlt.

Selbst in den Fällen, in welchen man das Gelände gewöhnlich als ein regelmäßig verlaufendes anspricht, zeigen oft die Absteckungen der Wegbreiten mit geraden Linien in ihrer Aufrißdarstellung gekrümmten Verlauf. Vielfach weicht, je nach der mehr oder minder wellenförmig gestalteten Oberfläche, die Aufrißzeichnung ein und derselben gerade abgesteckten Linie von der Aufrißdarstellung der Luftlinie ihrer Endpunkte ab.

Diese Tatsache stellt sich bei dem fortschreitenden senkrechten Abbau, wie er stets zu erfolgen hat, sofort dem Auge des Arbeiters dar und muß bei der Verteilung der Abtragsmengen beachtet werden, damit eine möglichst gleich breite Wegfläche erzielt wird.

Auf Tafel 6 ist mit der Zeichnung I im Gelände von 30 % Neigung von einem Weg mit 6 m Kronenbreite der Querschnitt im Aufriß dargestellt:

1. afl ist die Geländeneigung von 30 %,
2. oefgn stellt den fertig gebauten Weg mit beiderseits 4/4 Böschung im Querschnitt dar,
3. fgg^1 ist der senkrechte Abtragskörper,
4. fgn ist der Abtragskörper mit 4/4 Böschung.

Zeichnung II stellt mit dpih eine 10 m lange Strecke der ausgebauten Wegkrone in Grundriß dar, nämlich:

1. Die durch f der Zeichnung I gehende Mittelinie des gebauten Weges bfc, zugleich die abgesteckte Meßlinie,
2. „ „ e „ „ „ gehende untere Grenze der ausgebauten Wegkrone hei,
3. „ „ g „ „ „ verlaufende obere Grenze der Wegkrone dgp und im Aufriß auf diese Linie dgp,
4. „ „ g′ „ „ „ die im Gelände als gerade Linie abgesteckte obere Grenze der Wegkrone kg^3m als gestrichelte Linie dargestellt,
5. „ „ g^1 „ „ „ gehende Aufrißlinie kg^2m, wie sie der wirkliche Ausbau ergeben hat.

Sobald die im Gelände abgesteckten geraden Linien beim Ausbau im Aufriß in der Weise abweichen, wie es bei der Linie kg^2m dargestellt ist und diese Ausformung sich in der Natur auf die ganze Wegfläche erstreckt, wie es gewöhnlich der Fall ist, dann muß sich bei genauer Anschüttung auf die Auftragsfläche das Bild des Aufrisses der Linie kg^2m auf der unteren Weggrenze und auf dem Böschungsrand abspiegeln. In der Grundrißzeichnung II ist dieses Spiegelbild auf den beiden Grenzen, dem Rand der Krone hei, durch he′i, dem Böschungsrand gor durch go′r, (welche als richtige Ausführung dargestellt sind), angedeutet. Das Bild wird um so ähnlicher, je mehr die wellige Geländeform sich auch auf die ganze Auftragsfläche ausdehnt.

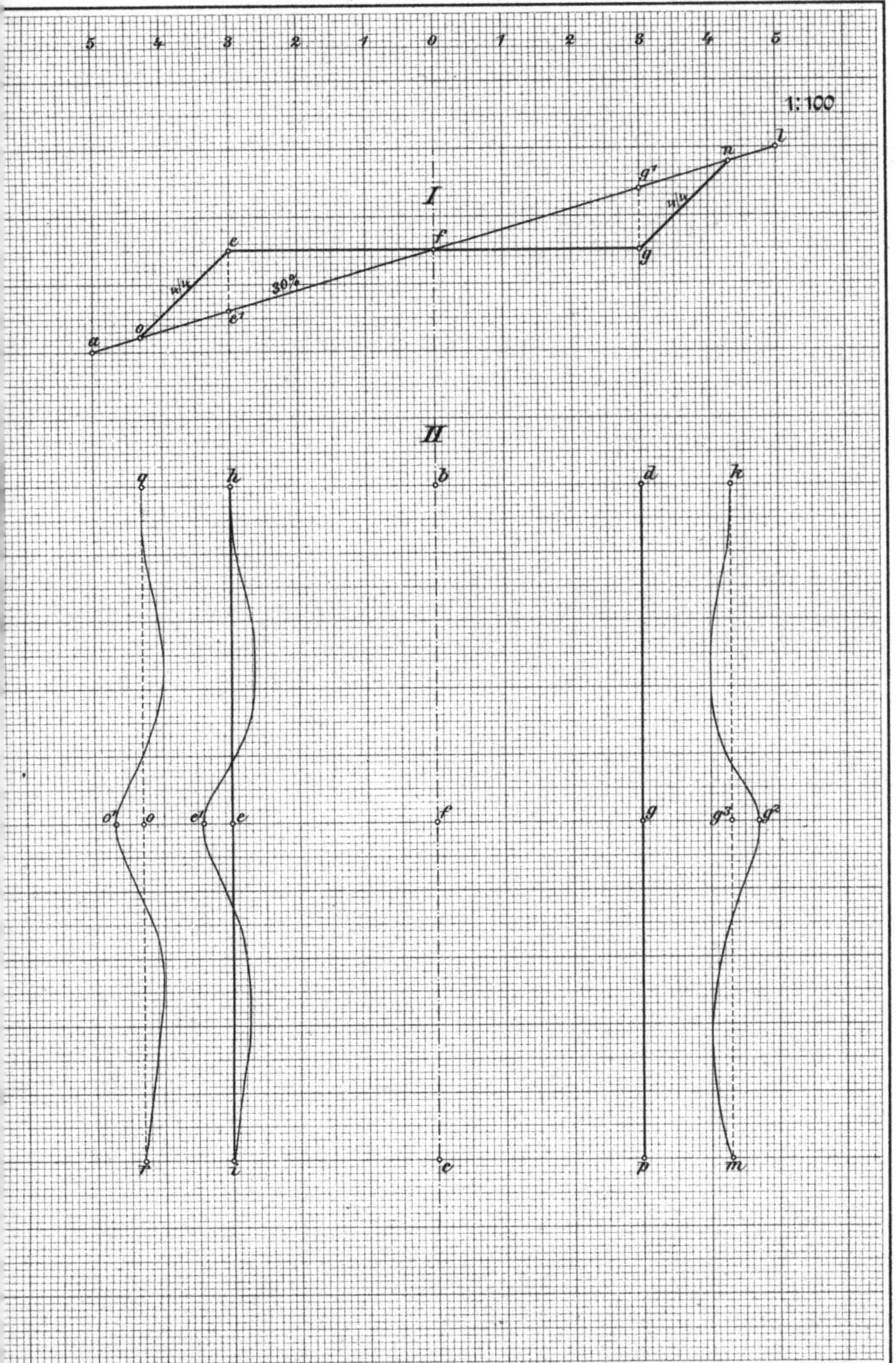
5 4 3 2 1 0 1 2 3 4 5
1:100
I
II
30%
a o e e' f g g' n l
q h b d k
o' o e' e f g g³ g²
r i c p m

Um bei dem Wegeausbau die gleiche Wegbreite tunlichst herzustellen, muß man die Arbeiter anweisen, von der höheren Welle der Aufrißlinie den entsprechenden Teil des Baustoffes auf die niedere Welle abzugeben.

Der Ausbau der Erdwege in der vollen regelrechten Breite von 6 m für Einteilungswege gleich von vorneherein, ist auch bei der Wegform III unbestreitbar das billigste Verfahren, aber wo die Mittel fehlen oder bei dem Bau von Durchforstungswegen ist es ohne besondere Nachteile für die Ausführung selbst zulässig, diese Wege in jeder benutzbaren Breite, also mit 4 m bis 5 m Breite herzustellen. Bei späteren Erbreiterungen auf 6 m wird die gesamte Herstellung allerdings 25 bis 40 % mehr Bauaufwand erfordern, als ein anfänglich voller Ausbau gekostet hätte.

Ein Vorzug dieser Wegform besteht darin, daß sie in dem richtigen Gebiet ihrer Anwendung meistens eine volle Steinbahn entbehren kann. Für Haupt- und Gerade Abfuhrwege, welche mit einer vollen Steinbahn versehen werden müssen, soll man den talseitig geneigten Ausbau nicht wählen, aber für Einteilungswege in der Nullage, oder mit nur geringer Neigung — etwa bis 3 %, höchstens 4 % — ist die Form III in allen Lagen mit entsprechender Bodenzusammensetzung und wenn die Wasserverhältnisse sie nicht verbieten, die einfachste und bezüglich der Unterhaltung auch die billigste Bauart.[1])

Über den genau mit 0 % verlaufenden sogen. Nullweg und über die talseitige Neigung der Wege sind bisher die verschiedensten Ansichten bei Besprechung des Waldwegebaues aufgetaucht. Bei der Verfrachtung von Lasten durch Fuhrwerk hängt die aufzuwendende Zugkraft von der Festigkeit der Fahrbahnen ab. Die der Fortbewegung der Räder, der sogen. rollenden Reibung entgegenstehenden Hindernisse sind auf Eisenschienen, auf guten Pflasterbahnen und glattgewalzten Steindecken die geringsten, sie vermehren sich bei den Fahrbahnen von minderwertigem Gestein oder bei mangelhaftem Ausbau, steigern sich unverhältnismäßig bei Erdwegen in nassem Zustand. Feuchtigkeit ist für keinen Weg vorteilhaft, aber Erdwege kann sie für Fortbewegung von Lasten geradezu unbrauchbar machen. Neben den ungünstigen Eigenschaften der verschiedenen Fahrbahnen steht der Zugkraft als hauptsächliches Erschwernis

---

1) Die von Dr. Borggreve in seiner Forstabschätzung Seite 9 flüchtig hingeworfene, absprechende Bemerkung über das talseitige Quergefälle ist einer tieferen Forschung im Waldwegebau nicht entsprungen. Ich führe sie nur an, weil mein Name damit in Verbindung gebracht ist.

eine starke Neigung der Wege entgegen, der tierischen in größerem Maße, als den sonstigen Bewegungsquellen.

Wenn es sich um die Verbindung zweier oder mehrerer Punkte zum gegenseitigen Verkehr handelt, dann ist der denkbar günstigste Fall, wenn sie durch ebene Fahrbahnen verbunden werden können, denn diese erfordern die geringste Zugkraft und sind die einzigen gleichwertigen nach jeder Richtung; mit beginnender und zunehmender Neigung verlieren sie fortschreitend an Wert.

Diese unbestreitbare Wahrheit muß dem Forsteinrichter bei der Anlage von Wirtschafts-, bezw. Einteilungswegen, welche meistens den inneren Verkehr nach entgegengesetzten Richtungen an die Geraden Abfuhrwege vermitteln, stets vor Augen schweben und er sollte nur dann davon abweichen, wenn die örtlichen Verhältnisse es unbedingt fordern.

Wenn von anderen Seiten schon empfohlen worden ist, die Nullwege zu vermeiden, dafür den Wegleitungen mit einer Neigung von $1/2$% und 1% den Vorzug zu geben, so halte ich das für eine Irrlehre!

Mit einer Neigung von 1%, selbst 2% in der Längsachse der Wege hält man eine Fahrbahn nicht trocken. Um dies zu erreichen, muß man einer Wegkrone mindestens 4% bis 8% seitliche Neigung geben; entweder den Wegen nach Form III eine talseitige von 4% bis 6%, oder je nach der Zusammensetzung der Wegkörper und den Wegformen mit seitlichen Gräben eine Wölbung mit 5% und wenn erforderlich, mehr.

Daß die wässerigen Niederschläge auf den kurzen Linien der halben oder ganzen Wegbreiten von 3 m bis 6 m leichter und rascher abzuführen sind, als auf langen Wegstrecken mit $1/2$% bis 2% wird keines Beweises bedürfen.

Tatsächlich findet man sehr häufig ebene Wege in schlechtem, feuchtem Zustande, aber diesen hat nie die fehlende Längsneigung verschuldet, sondern entweder die fehlende Grundwasserableitung oder die fehlende oder ungenügende Wölbung, durch deren Mangel die Niederschläge nicht rasch genug oder gar nicht abgeführt werden konnten und deshalb die Wegfläche und namentlich die Erdwege versumpfen mußten.

Es ist ein Trugschluß, daß die Längsneigung von 1% hier Abhilfe schaffen würde und könnte.

Mehr als bei dem Wegebau im offenen Gelände gebührt der Wölbung der Wege inmitten des Waldes besondere Beachtung.

Bei dem Verkehr auf stark befahrenen Straßen läuft das Fuhrwerk zum großen Teil auf schiefer Ebene. Im Walde kann der Fuhrmann häufiger auf der Mitte der Fahrbahn bleiben, es könnte daher befremden, warum gerade hier eine einseitige Neigung gewählt werden soll.

Nur die leichte, sichere Wasserabführung und die damit in Verbindung stehenden erheblichen Ersparnisse, welche durch die einfache Bauart ohne Gräben erzielt werden, drängen dazu, sie in den Lagen und bei den Bodenzusammensetzungen anzuwenden, für welche sie die allein angezeigte ist und für die sie auch nur empfohlen wird.

Nur bei der Wegform III kann die obere Böschung wegen des Grabenfortfalles die steilste bleiben. Mit dem bis zu ihrer Beruhigung erfolgenden Abfall von Geröllen auf die Wegkrone kann man durch zeitweises Sondern der Steine von der Erde, die letztere zur Ergänzung der unteren Böschung, die Steine zum Befestigen der Fahrbahn verwenden.

Der untere, tieferliegende Teil der Fahrbahn wird sich durch die größere Belastung der unteren Räder etwas stärker abnutzen; das muß bei der Unterhaltung berücksichtigt werden.

Die Schreckschüsse, welche man zuweilen wegen der Gefahr des Abrutschens bei Schnee und Glatteis zu hören bekommt, dürfen den sorgsamen Wegebauer nicht erregen.

Wo eine Gefahr wirklich erkannt wird, kann ihr mit Herrichtung von durchbrochenen Erdbänken oder auch durch trockene Steinmauern von 0,5 m Breite und 0,2 m Höhe auf der unteren Wegkante vorgebeugt werden; übrigens bleibt in den meisten Gegenden bei den wenigen Tagen im Jahr, an denen Glatteis die Holzabfahrt erschwert, der vorsichtige Fuhrmann wegen der sonstigen Gefahren für sein Gespann ohnehin zu Haus.

Im Gelände von 60% und darüber wird man, wenn irgend tunlich, zu dieser Wegform greifen, schon wegen der bedeutenden Abtragsmassen und der Verschüttung der tiefer liegenden Flächen. Bei 70% Neigung, 4 m Abtragsbreite und nur 1/4 Böschung beträgt der Abtrag für den laufenden Längemeter 6,8 cbm, bei 5 m Breite schon 10,6 cbm. Wegbauten in solchen Lagen muß man ausführen, so lange unterhalb der Weglinie noch haubares Holz steht, denn Kulturen und Jungwuchs können beim Abtrag von Steinmengen erheblich geschädigt werden.

Für die Wege des Gebirges ist zur Veranschlagung der Baukosten der Inhalt der Abtragskörper im allgemeinen der wesentlichste Punkt, neben ihm die Beschaffenheit seiner Bestandteile, ob Fels oder Erde,

Tabelle 10a.

Erdmassen-Ergebnisse bei wagrechtem Abtrag.

	Bei 2 m Abtragsbreite $\left(\frac{2\,.\,\text{Höhe}\,.\,1}{2}\right)$						Bei 3 m Abtragsbreite $\left(\frac{3\,.\,\text{Höhe}\,.\,1}{2}\right)$					
Gelände neigung	Senkrechte Höhe	Masse	Höhe bei $^1/_4$ Böschung	Masse	Höhe bei $^1/_2$ Böschung	Masse	Senkrechte Höhe	Masse	Höhe bei $^1/_4$ Böschung	Masse	Höhe bei $^1/_2$ Böschung	Masse
%	m	cbm	m	cbm	m	cbm	m	cbm	m	cbm	m	cbm
10	0,20	0,20	0,205	0,21	0,21	0,21	0,30	0,45	0,307	0,46	0,314	0,46
11	0,22	0,22	0,23	0,23	0,24	0,24	0,33	0,50	0,34	0,52	0,35	0,52
12	0,24	0,24	0,25	0,25	0,26	0,26	0,36	0,54	0,37	0,55	0,39	0,58
13	0,26	0,26	0,27	0,27	0,29	0,29	0,39	0,59	0,40	0,60	0,43	0,64
14	0,28	0,28	0,30	0,30	0,32	0,32	0,42	0,63	0,43	0,64	0,47	0,70
15	0,30	0,30	0,32	0,32	0,34	0,34	0,45	0,68	0,47	0,70	0,51	0,76
16	0,32	0,32	0,34	0,34	0,37	0,37	0,48	0,72	0,50	0,75	0,55	0,82
17	0,34	0,34	0,37	0,37	0,39	0,39	0,51	0,77	0,54	0,81	0,59	0,88
18	0,36	0,36	0,39	0,39	0,42	0,42	0,54	0,81	0,57	0,85	0,63	0,94
19	0,38	0,38	0,41	0,41	0,45	0,45	0,57	0,86	0,61	0,91	0,67	1,00
20	0,40	0,40	0,44	0,44	0,47	0,47	0,60	0,90	0,64	0,96	0,71	1,06
21	0,42	0,42	0,46	0,46	0,50	0,50	0,63	0,95	0,68	1,02	0,75	1,12
22	0,44	0,44	0,48	0,48	0,53	0,53	0,66	0,99	0,71	1,06	0,79	1,18
23	0,46	0,46	0,51	0,51	0,55	0,55	0,69	1,04	0,75	1,12	0,83	1,24
24	0,48	0,48	0,53	0,53	0,58	0,58	0,72	1,08	0,78	1,17	0,87	1,30
25	0,50	0,50	0,55	0,55	0,61	0,61	0,75	1,13	0,82	1,23	0,91	1,36
26	0,52	0,52	0,58	0,58	0,63	0,63	0,78	1,17	0,85	1,27	0,95	1,42
27	0,54	0,54	0,60	0,60	0,66	0,66	0,81	1,22	0,88	1,32	0,99	1,48
28	0,56	0,56	0,62	0,62	0,68	0,68	0,84	1,26	0,91	1,36	1,03	1,54
29	0,58	0,58	0,64	0,64	0,71	0,71	0,87	1,31	0,95	1,42	1,07	1,60
30	0,60	0,60	0,67	0,67	0,74	0,74	0,90	1,35	0,98	1,47	1,11	1,66
31	0,62	0,62	0,69	0,69	0,76	0,76	0,93	1,40	1,02	1,53	1,15	1,72
32	0,64	0,64	0,71	0,71	0,79	0,79	0,96	1,44	1,05	1,57	1,19	1,78
33	0,66	0,66	0,74	0,74	0,82	0,82	0,99	1,49	1,09	1,63	1,23	1,84
34	0,68	0,68	0,76	0,76	0,84	0,84	1,02	1,53	1,12	1,68	1,27	1,90
35	0,70	0,70	0,78	0,78	0,87	0,87	1,05	1,58	1,16	1,74	1,31	1,96
36	0,72	0,72	0,81	0,81	0,90	0,90	1,08	1,62	1,20	1,80	1,35	2,02
37	0,74	0,74	0,83	0,83	0,92	0,92	1,11	1,67	1,24	1,86	1,39	2,08
38	0,76	0,76	0,85	0,85	0,95	0,95	1,14	1,71	1,27	1,90	1,43	2,14
39	0,78	0,78	0,88	0,88	0,97	0,97	1,17	1,76	1,31	1,96	1,47	2,20
40	0,80	0,80	0,90	0,90	1,00	1,00	1,20	1,80	1,35	2,02	1,50	2,25

Tabelle 10 b.

Erdmassen-Ergebnisse bei wagrechtem Abtrag.

	Bei 4 m Abtragsbreite $\left(\frac{4 \,.\, \text{Höhe} \,.\, 1}{2}\right)$						Bei 5 m Abtragsbreite $\left(\frac{5 \,.\, \text{Höhe} \,.\, 1}{2}\right)$					
Geländeneigung	Senkrechte Höhe	Masse	Höhe bei 1/4 Böschung	Masse	Höhe bei 1/2 Böschung	Masse	Senkrechte Höhe	Masse	Höhe bei 1/4 Böschung	Masse	Höhe bei 1/2 Böschung	Masse
%	m	cbm	m	cbm	m	cbm	m	cbm	m	cbm	m	cbm
40	1,60	3,20	1,76	3,52	2,00	4,00	2,00	5,00	2,20	5,50	2,48	6,20
41	1,64	3,28	1,81	3,62	2,07	4,14	2,05	5,12	2,26	5,65	2,56	6,40
42	1,68	3,36	1,86	3,72	2,14	4,28	2,10	5,25	2,33	5,82	2,65	6,62
43	1,72	3,44	1,91	3,82	2,20	4,40	2,15	5,37	2,39	5,97	2,73	6,82
44	1,76	3,52	1,96	3,92	2,27	4,54	2,20	5,50	2,46	6,15	2,82	7,05
45	1,80	3,60	2,02	4,04	2,34	4,68	2,25	5,62	2,52	6,30	2,90	7,25
46	1,84	3,68	2,07	4,14	2,41	4,82	2,30	5,75	2,59	6,47	2,99	7,47
47	1,88	3,76	2,12	4,24	2,47	4,94	2,35	5,87	2,65	6,62	3,08	7,70
48	1,92	3,84	2,17	4,34	2,54	5,08	2,40	6,00	2,72	6,80	3,16	7,90
49	1,96	3,92	2,22	4,44	2,61	5,22	2,45	6,12	2,78	6,95	3,25	8,12
50	2,00	4,00	2,28	4,56	2,68	5,36	2,50	6,25	2,85	7,12	3,33	8,32
51	2,04	4,08	2,33	4,66	2,74	5,48	2,55	6,37	2,91	7,27	3,42	8,55
52	2,08	4,16	2,38	4,76	2,81	5,62	2,60	6,50	2,98	7,45	3,50	8,75
53	2,12	4,24	2,43	4,86	2,88	5,76	2,65	6,62	3,04	7,60	3,59	8,97
54	2,16	4,32	2,48	4,96	2,95	5,90	2,70	6,75	3,11	7,77	3,68	9,20
55	2,20	4,40	2,53	5,06	3,01	6,02	2,75	6,87	3,17	7,92	3,77	9,42
56	2,24	4,48	2,59	5,18	3,08	6,16	2,80	7,00	3,24	8,10	3,85	9,62
57	2,28	4,56	2,64	5,28	3,15	6,30	2,85	7,12	3,30	8,25	3,94	9,85
58	2,32	4,64	2,69	5,38	3,22	6,44	2,90	7,25	3,37	8,42	4,02	10,05
59	2,36	4,72	2,74	5,48	3,28	6,56	2,95	7,37	3,43	8,57	4,11	10,27
60	2,40	4,80	2,80	5,60	3,35	6,70	3,00	7,50	3,50	8,75	4,20	10,50

und allenfalls bei Erdbewegungen die Fortschaffungsweite vom Gewinnungsort. Die letztere kann bei der freien Bewegung im Walde leichter ermäßigt werden als andernorts.

Wenn die festgestellte Anfangslinie den abzutragenden Erdkörper berührt, dann ist zur Inhaltsberechnung desselben für einen wagerechten (söhligen) Abbau die Breite des Abtrags, seine senkrechte Höhe oder die der anzuwendenden oberen Böschung entsprechende Höhe zu bestimmen.

Die senkrechte Höhe ändert sich wie der sinus des Neigungswinkels.

Tabelle 10 c.

Erdmassen-Ergebnisse bei wagrechtem Abtrag.

	Bei 4 m Abtragsbreite $\left(\frac{4 \cdot \text{Höhe} \cdot 1}{2}\right)$						Bei 5 m Abtragsbreite $\left(\frac{5 \cdot \text{Höhe} \cdot 1}{2}\right)$					
Geländeneigung	Senkrechte Höhe	Masse	Höhe bei 1/4 Böschung	Masse	Höhe bei 1/2 Böschung	Masse	Senkrechte Höhe	Masse	Höhe bei 1/4 Böschung	Masse	Höhe bei 1/2 Böschung	Masse
%	m	cbm	m	cbm	m	cbm	m	cbm	m	cbm	m	cbm
60	2,40	4,80	2,80	5,60	3,45		3,00	7,50	3,50	8,75	4,30	
61	2,44	4,88	2,86	5,72			3,1	7,75	3,58	8,95		
62	2,48	4,96	2,92	5,84			3,2	8,00	3,65	9,13		
63	2,52	5,04	2,98	5,96			3,3	8,25	3,73	9,32		
64	2,56	5,12	3,04	6,08			3,4	8,50	3,80	9,50		
65	2,60	5,20	3,10	6,20			3,5	8,75	3,88	9,70		
66	2,64	5,28	3,16	6,32			3,6	9,00	3,95	9,87		
67	2,68	5,36	3,22	6,44			3,7	9,25	4,03	10,08		
68	2,72	5,44	3,28	6,56			3,8	9,50	4,10	10,25		
69	2,76	5,52	3,34	6,68			3,9	9,75	4,18	10,45		
70	2,80	5,60	3,40	6,80			4,0	10,00	4,25	10,63		
71	2,84	5,68	3,46	6,92			4,1	10,25	4,33	10,82		
72	2,88	5,76	3,52	7,04			4,2	10,50	4,40	11,00		
73	2,92	5,84	3,58	7,16			4,3	10,75	4,48	11,20		
74	2,96	5,92	3,64	7,28			4,4	11,00	4,55	11,38		
75	3,00	6,00	3,70	7,40			4,5	11,25	4,63	11,58		
76	3,04	6,08	3,76	7,52			4,6	11,50	4,70	11,75		
77	3,08	6,16	3,82	7,64			4,7	11,75	4,78	11,95		
78	3,12	6,24	3,88	6,76			4,8	12,00	4,85	12,13		
79	3,16	6,32	3,94	7,88			4,9	12,25	4,93	12,33		
80	3,20	6,40	4,00	8,00	5,37		5,0	12,50	5,00	12,50	6,65	
81	3,24	6,48	4,06	8,12			5,1	12,75	5,08	12,70		
82	3,28	6,56	4,12	8,24			5,2	13,00	5,15	12,88		
83	3,32	6,64	4,18	8,36			5,3	13,25	5,23	13,08		
84	3,36	6,72	4,24	8,48			5,4	13,50	5,30	13,26		
85	3,40	6,80	4,30	8,60			5,5	13,75	5,38	13,45		

Weil beim Waldwegebau die Geländeneigungen in der Regel in Prozenten ausgedrückt werden, sind für die meist zur Anwendung kommenden Neigungssätze und für die Abtragsbreiten von 2 bis 5 m in den beigegebenen drei Tabellen die entsprechenden Massenergebnisse berechnet.

Für ihre Anwendung erübrigt nur, den Prozentsatz des Geländes, durch welches der auszubauende Weg führt, festzustellen, um für die verschiedenen Breiten und 1 m Länge den Inhalt des Abtrags zu finden. Im Besitze von Karten mit guten Höhenschichtenlinien können die Neigungssätze schon aus diesen entnommen werden, außerdem sind sie mit dem Gefällmesser, welcher bei geordneten Verhältnissen in der Hand jedes Försters sein muß, leicht an Ort und Stelle zu ermitteln.

b) Die Form IV (Tafel 1, Zeichnung IV).

Sie unterscheidet sich von der Form III durch die entgegengesetzte bergseitige Neigung. Sie soll zwar auch nur in Bodenverhältnissen, welche keine volle Steinbahn erfordern, angewendet werden, wo aber vorhandene Wassermengen unbedingt die Anlage eines Grabens zur Abhaltung des Wassers von der Kronenfläche und die streckenweise Ableitung desselben an geeigneten Punkten fordern, da wird sie anzuwenden sein und sich bewähren.

Es sind namentlich solche Lagen im Gebirge, in denen oberhalb der Orte, wo Weganlagen nötig sind, Bergebenen mit größeren Wassertümpeln oder mit Brüchern und Torfgründen (Brockenfeld) das angrenzende Gelände mit Wasser sättigen, oder wo an wasserführenden Abhängen durch das Einbauen der Wege Wasseradern in großer Zahl zutage treten, in deren Folge ohne Vorrichtungen zur Wasserbeseitigung nicht auszukommen ist.

Die Vorbereitungen zur Herstellung der Wegerichtung und zum Ausbau, die Grundsätze und Regeln bei Ab- und Auftrag der Erdwege und bei Bildung der Wegböschungen gelten genau wie bei der Wegform III, dagegen erfolgt der Abtrag nicht mit Steigung gegen den Berg, sondern entweder vorerst söhlig oder schon gleich mit dem anzuwendenden Falle von 4—6 % gegen den Berg.

Selbstredend sind die Auftragsmassen mit stärkerer talseitiger Steigung aufzutragen, damit nach dem Setzen der Schuttmassen die anzustrebende Neigung der äußeren Weghälfte nach dem Berge hergestellt wird.

Die Gräben an den Wegen des Gebirges haben im Gegensatz zu denen, neben den Wegen der Ebene, die Aufgabe, nicht allein das von den Wegkronen abrinnende Wasser zu sammeln, sie sollen auch das von Bergen herkommende und die Wege bedrohende Wasser aufnehmen und fortführen.

Nur selten und gewöhnlich nur streckenweise kommen hierbei größere Wassermengen in Frage, daher können meistens die Gräben viel schmäler, als bei den Wegen der Ebenen, bei denen es in der Regel auf Gewinnung von Baustoff ankommt, ausgeformt werden.

Die Gräben hebt man mit den halben Maßen der Formen II_1, also mit: $\frac{0,5 + 0,1 \text{ m}}{2} . 0,15$ m oder mit III_1: $\frac{0,5 + 0,1 \text{ m}}{2} . 0,13$ m etwa: 0,04 cbm für das Längenmeter aus.

Um die Gräben an Stellen, wo sie durch Verschüttung dauernd werden zu leiden haben, etwas zu schirmen, ist man zuweilen gezwungen, kleine 0,3 bis 0,5 m breite Schutzbänke, wie sie die Zeichnungen IV und V auf Tafel 1 darstellen, herzurichten.

Die Gräben brauchen auch schon deshalb nicht in größeren Maßen ausgeführt zu werden, weil das Wasser streckenweise auf das tiefer liegende trockene Waldgelände mittelst Durchlässen von Mauerwerk, Zement- oder Tonröhren abzuleiten und auf wasserbedürftige Stellen, namentlich die Rückenbildungen, zu verteilen ist.

Für das gebirgige Gelände ist die Wassererhaltung und möglichste Verteilung an trockenen Orten einer der wichtigsten Grundsätze für die Förderung und Erhaltung eines gesunden Waldbodens; er ist leider noch nicht zur allgemeinen Würdigung gelangt, denn man sieht noch zu häufig Wasserableitungen — der schon so oft empfohlenen Regel zuwider[1]) — die in die Mulden oder in bestehende Rinnsale führen.

Das ist allerdings ein Handeln nach dem allgemeinen Naturtrieb, der durch Überlegung angefachte Trieb fehlt noch bei einem solchen Verfahren!

Bedeutende Wassermengen an einem Ort zusammenkommen zu lassen und dazu noch in Mulden zu leiten, ist nicht ratsam, sie erfordern schon breitere und tiefere Gräben und größere Durchlässe, sie behindern auch eine vorteilhafte Verteilung und besonders sind sie wasserwirtschaftlich zu verwerfen, weil sie zu Zeiten bedeutender Niederschläge zu große Wassermassen an einen Punkt führen und dadurch eine Hochwasserentstehung fördern helfen, anstatt durch öftere Verteilung zu ihrer Verhütung beizutragen.

Um mit möglichst geringem Abtrag die Wege im Gebirge bei starker Geländeneigung herzustellen, muß man bestrebt sein, tunlichst geringe Böschungen anzuwenden, im wasserführenden Gehänge um so mehr, weil gewöhnlich durch stärkeren Abbau größere Wassermengen

[1]) Siehe meine Beiträge zur Pflege der Bodenwirtschaft mit besonderer Rücksich auf die Wasserstandsfrage. Berlin 1883 bei Julius Springer.

aufgeschlossen werden. Im gewachsenen Boden bedarf es meistens einer geringeren Böschung, als bei Anschüttungen. An felsigen Bergwänden und bei schwerem Boden kommt man vielfach mit $^1/_4$ Böschung aus, aber in lockerem Erdreich und im Steingerölle wird oft $^1/_2$ Böschung nicht genügen.

Im Gebirge mit rasch wechselnder Ausformung zieht oft ein Weg durch ganz trockene und dann wieder durch feuchte Lagen, in denen streckenweise die Wegformen III und IV wechseln müssen. Hier legt man am besten ein kurzes Wegstück mit ebenem Ausbau ein, welches den Formenwechsel etwas verschleiert und auch für das Fuhrwerk angenehm ist.

c) Die Form V (Tafel 1, Zeichnung V).

Haupt- und Gerade Abfuhrwege, welche in der Regel mit einer vollen Steinbahn versehen werden müssen, wird man überhaupt nicht mit einer einseitig geneigten Wegkrone bauen, ihnen vielmehr eine auf ebener Querfläche aufgetragene Wölbung geben.

Im Gebirge können solche Wege einen Graben auf der Bergseite wegen der Wasserregelung nicht entbehren. In ganz trockenen Lagen mag zuweilen der Graben nur zur Aufnahme der von der Krone abrinnenden Niederschläge zu dienen haben, wenn dieselben im Untergrund sich rasch verlieren, aber da, wo beim Abbau der Berge Wasseradern geöffnet werden, oder wo das Wasser oberirdisch zufließt, muß wie bei der Form IV auch hier für Fortführung und streckenweise Ableitung und Verteilung gesorgt werden.

Bei dieser Wegform muß der Erdausbau gleich in voller Breite als Regel gelten.

Weil diese Wege eine Steinbahn erhalten, ist nur die ebene Krone herzustellen. Wenn in den Abtragsmassen feste Steine vorkommen, sind sie auszuscheiden und nicht zum Auftrag zu verwenden. Wenn hierdurch wesentliche Ersparnisse gemacht werden können, muß man den Arbeitern bei Verdingarbeit für das cbm eine entsprechende Vergütung für das Ausscheiden und Aufsetzen in das Raummaß gewähren.

Die größten Schwierigkeiten bei dem Bau der Wege des Gebirgs sind zu überwinden, wenn man bei dem Abtrag auf ungünstiges Streichen geschichteter Gesteine trifft, welches beim Abbau Rutschungen verursacht. Ist in solchen Fällen ein Weg nicht mehr zu verlegen, dann bleibt nichts anderes übrig, als so lange nachzubauen, bis die Schichten zur Ruhe kommen. Stützmauern, wie sie beim Eisenbahnbau zuweilen ausgeführt werden müssen, soll man im Walde möglichst vermeiden.

Beim wilden Wegebau ist es eine beliebte, aber üble Gewohnheit, statt der Böschungen mit voller Ausladung trockene Steinmauern aufzuführen, um etwas Abtrag und Fläche zu ersparen. Solche Mauern stürzen über kurz oder lang doch ein, je höher sie sind, um so eher, sie verursachen dann Nacharbeiten, welche zur Verschönerung der Wege nicht beitragen.

Durch steile Hänge sind diese Wege nicht mit voller Breite zu führen. Kommen nur ganz kurze Strecken in Frage, dann genügt vielleicht ein Abbau für die volle Fahrbahn, wenn sie hinlänglich gesichert werden kann.

Bei allen Wegen des Gebirges wird der Ausbau in regelrechter Breite durch die Steilheit des Geländes mehr oder weniger untersagt.

IV. Abschnitt.

Der Wert der Gesteinsarten zum Wegbau im Walde.

Steine, Kies und Sand sind die Naturgebilde, welche zur Herstellung von Steinbahnen im Walde erforderlich sind. Außerdem kommen noch die durch einen Schmelzprozeß hergestellten Schlacken von Eisenhütten und als weitere Baumittel die aus Ton und Lehm geformten und gebrannten sog. Backsteine oder Klinker, sowie Ton und Zementröhren in Betracht.

Die wertvollsten Eigenschaften der Gesteine für den Waldwegebau sind: Widerstandsfähigkeit gegen Druck, Dichtigkeit und Härte.

Den Gesteinsarten, welche den größten Quarzgehalt haben, gebührt beim Härten der Fahrbahnen der Vorzug, weil sie bei ihrem Verschleiß einen sandigen Rückstand hinterlassen. Feldspat und kalkhaltige Steine ergeben weiche, erdige Massen, welche bei Nässe einen tonigen und klebrigen Schlamm bilden, der das Fahren erschwert und den Kleinschlagdecken durch Aufrollen um die Räder schädlich wird, besonders im Walde, in dem die Wege langsamer abtrocknen als im Freien.

Die naturkundlichen (physikalischen) Eigenschaften dieser beiden sich gegenüberstehenden Rückstände werden leichter erkannt und eher gewürdigt, wenn man sie in Zahlen ausgedrückt sieht:

Nach Schübler haben:

Die Erdarten	Spezifisches Gewicht. Wasser gleich 1	Wasseraufnahmefähigkeit. Gewichts- Volum-Prozente		Fähigkeit auszutrocknen. Von 100 Teilen Wasser verdunsten in derselben Zeit	Wärmehaltende Kraft. Die des Kalksandes gleich „100" gesetzt.
Quarzsand	2,653	25 %	49,9	88,4	95,6
Reiner Ton	2,533	70 %	87,5	31,9	66,7
Feiner Kalk	2,468	85 %	80,8	28,0	61,3

Zu den vorzugsweise zum Wegbau tauglichen, mit Quarz gemengten Gesteinsarten zählen:

a) Von den Eruptiv-Gesteinen: Felsitporphyr, Granit, Syenit,
b) Sämtliche krystallinischen Gesteine: Gneiß, Glimmerschiefer, Urtonschiefer,
c) von den Sedimentgesteinen: Quarzit, Kieselschiefer, Übergangssandsteine, Grauwacke, Hornfels, flötzleerer Kohlensandstein, die Rot-Konglomerate und Rotsandsteine der permischen Formation zum Teil, und von den Buntsandsteinen nur die grobkörnigen und die festen.

Zu den nicht quarzhaltigen, aber zum Wegebau wegen ihrer Dichtigkeit, Festigkeit und Härte verwendbaren Steinen gehören:

a) Von den Eruptiv-Gesteinen: Basalt, Phonolit, Dolerit, Basaltlava, die harten Porphyrit- Diorit- Melaphyr- und Trachit-Vorkommen.
b) Von den Sedimentgesteinen: Die unteren festeren Lagen von Muschelkalk. In den Jurasandsteinen des schwarzen Lias sollen einzelne härtere Vorkommen sich finden, welche aber mit Vorsicht zu verwenden sind.

Die für den Wegebau wichtigsten Eigenschaften sind bei ein und derselben Gesteinsart von getrennten Gebirgen und Fundorten häufig sehr verschieden, was sich zwar oft in ihrem spezifischen Gewicht ausspricht, aber nicht immer als voller Maßstab gelten kann.

Bei allen Gesteinen kommen sehr häufig in einem Bruche feste Schichten, wechselnd mit minderwertigen vor. Im rheinischen Schiefergebirge findet man auf den Höhenrücken Taunusquarzit von tadelloser Güte, 50 m tiefer im Hange Steinbrüche mit Verwitterungen derselben Gesteinsart von so geringer Härte, daß sie sich leicht zu Schotter zerschlagen lassen und das erste Fuhrwerk sie zu Sand zerkleinert.

Diese Tatsachen haben schon geraume Zeit in Frankreich dahin geführt, daß Versuche auf Straßen veranstaltet wurden, welche die Wertziffern der zum Gebrauch vorgesehenen Steine auf ihre verschiedenen Eigenschaften feststellten.

Nach L. v. Willmann[1]) wurde zur Ermittelung der Wertziffern angenommen, „daß die Güte des Gesteins im umgekehrten Verhältnis zu der für die Längeneinheit (km) und Verkehrseinheit (100 Zugtiere) verbrauchten Steinmenge stehe. Bedeuten m und m′ die Wertziffern

[1]) Straßenbau. Leipzig, von W. Engelmann 1895.

zweier Gesteinsarten, q und q' die für eine, gleichen Verkehrs- und Witterungsverhältnissen ausgesetzte, gleich lange Straßenstrecke für das Kilometer und 100 Zugtiere jährlich aufzuwendende Steinmenge, so verhält sich also $m : m' = q' : q \cdot mq = m'q'$, ist also unveränderlich und wird Verbrauchsnorm genannt.

Für das härteste Gestein (Basalt aus den Vogesen) ergab sich ein durchschnittlicher jährlicher Steinverbrauch q = 15 cbm; für dasselbe wurde m = 20 gesetzt, so daß also als Verbrauchsmaßstab mq = 300 sich ergab. Durch Teilung mit den betreffenden Verbrauchsmengen ließ sich hieraus nachstehende Stufenfolge von Wertsziffern ableiten:"

q = jährlicher Verbrauch an cbm für 1 km und 100 Zugtiere täglich	Wertsziffer	Gütebezeichnung
60	5	schlecht
50	6	mittelmäßig
40	7,5	genügend
30	10	ziemlich gut
25	12	gut
20	15	sehr gut
15	20	vorzüglich

Diese Stufen der Zahlen für den Gebrauchswert scheinen heute noch in Frankreich gebräuchlich zu sein, was aus der zur Kenntnisnahme beigefügten Ermittelung der Werte der im Großherzogtum Luxemburg zum Straßenbau in Frage kommenden Gesteinsarten geschlossen werden darf.

In diesem kleinen Lande ist der Straßenbau sehr hoch entwickelt. Auch die Gemeindewege (Landwege) werden meistens von den staatlichen Beamten und vielfach auf Staatskosten ausgeführt. In Luxemburg selbst ist eine Versuchsstelle, in welcher die Widerstandsfähigkeit der Gesteine gegen Druck ermittelt wird, und die übrigen Eigenschaften werden in der Versuchsanstalt der öffentlichen Bauten in Paris festgestellt.

In dieser Übersicht ist nachgewiesen: die Herkunft der Gesteine, die geologische Bezeichnung, die chemische Zusammensetzung, die Kraft des Widerstandes gegen Druck, die Ausdauer bei der Abnutzung und schließlich als Gesamtergebnis die gedachte Wertsziffer (Qualitäts-Koeffizient.)

Nach all diesen Versuchsrichtungen werden die Baustoffe in 3 Klassen geteilt:

A. Hartes Material, die 3 Nummern 1, 2, 3,
B. Mittelhartes „ „ „ „ 4, 5, 6,
C. Weiches „ „ „ „ 7, 8, 9.

Erfahrungsgemäß nehmen bei der Unterhaltung der Straßen die Kosten für die Baustoffe, für die Arbeitsleistungen, für das Walzen usw., zu, je mehr die Wertziffern der Baustoffe sinken, und sie steigen viel schneller als letztere fallen, so daß als Regel aufgestellt werden kann, daß 1 cbm von A gleichwertig ist 2 cbm von B und 4 cbm von C. (A = 2 B = 4 C.)

Bei Anwendung dieser Formel und bei den Preisen an den Gebrauchsorten:

von 1 cbm vom besten Quarzit zu 16 Frcs.,
für 1 cbm der besten Hochofenschlacken zu 8 Frcs.,
oder des Luxemburger Sandsteins (Benglik) 1 cbm zu 4 Frcs.,
wird von der dortigen Bauverwaltung immer noch der Verwendung des besten Quarzits, auch mit Bezug auf den Kostenaufwand, der Vorzug eingeräumt, weil er unvergleichliche Steinwege liefert und die Gesamtkosten die geringsten sind.

Bei den Stoffen unter B und C mindert namentlich der Kalkgehalt ihren Gebrauchswert, weil das Wasseraufnahmevermögen desselben schließlich bei feuchtem Wetter teigartigen Kot und im Sommer die Staubplage herbeiführt.

Für den Waldwegebau ist besonders die Widerstandsfähigkeit der Steine gegen den Druck die wichtigste Eigenschaft, sie hängt auch meistens mit der Härte derselben zusammen.

Um diese Druckfestigkeit der Hauptgesteinsarten vorzuführen und namentlich, um auf die erheblichen Unterschiede bei den Steinarten unter sich aufmerksam zu machen, wird die Aufnahme der schon seit 1860 bekannten Bockelbergschen Untersuchungen der kürzeste Weg sein. Es ist auf diese Kenntnis deshalb großes Gewicht zu legen, weil die wechselnden Eigenschaften ein und desselben Gesteins, je nach dem Fundort und sogar in dem nämlichen Bruch, noch zu wenig berücksichtigt werden. Häufig entscheidet bei der Wahl der Steinbrüche noch die Nähe von der Verwendungsstelle allein, oft zum größten Nachteil des Waldbesitzers. Außerdem wird diese Kenntnis auch die Veranlassung geben, die einzelnen Fundorte eines Reviers durch Prüfung an den Versuchsstätten genauer feststellen zu lassen.

Nr.	Herkunftsort der Gesteine	Geologische Bezeichnung	Zusammensetzung	Widerstand gegen Druck auf cm²			Widerstand gegen Abnutzung oder Qualitäts-Koeffizient bezw. Wertsziffer	Bemerkungen
				Minimum kg	Maximum kg	Mittel kg		
	A. Hartes Material (15—20).							
1	Quarzit von der Saar. Reg. Bez. Trier	Devon	Silicium	2 200	3 140	2 500	20	3 Versuche auf Druckfestigk
2	Desgl. von Sierk, Lothr. .	"	Desgl.	2 200	2 400	2 300	19	3 " " "
3	Desgl. Luxemburger Ardennen (Hassel)	"	Desgl.	2 000	2 500	2 300	18	3 " " "
	B. Mittelhartes Material (10—15).							
4	Hochofenschlacke	Hütten zu Dommeldingen u. Steinfort	Silikate, Alumin u. Kalk	1 000	2 000	1 500	13	13 " " "
5	Benglik von Echternach a. d. Sauer	Unterer Lias	Quarz u. Lehm	1 200	1 900	1 400	12	10 " " "
6	Dolomit von der Mosel bei Grevenmacher	Muschelkalk	Kohlensaurer Kalk u. Magnesia	1 800	2 950	2 350	11	6 " " "
	C. Weiches Material (5—10).							
7	Kalkstein von Bißen Lxb. .	Keuper	Desgl. u. Kalkkristalle	970	1 730	1 350	9	6 " " "
8	Benglik von Mondorf Lxb. .	Unterer Lias	Quarz u. Lehm	850	1 200	1 000	7	12 " " "
9	Desgleichen von Lxb. . .	Desgl.	Desgl.	460	1 200	850	5	6 " " "

Tragkraft des Kleinschlages verschiedener Gesteinsarten bei wechselnder Korngröße nach Bockelberg[1]):

Gesteinsart	Größe der regelmäßig gestaltet gedachten Steinbrocken				
	cm 2,9 / qcm 8,4 / ccm 25	cm 3,7 / qcm 13,7 / ccm 50	cm 4,4 / qcm 19,4 / ccm 85	cm 5,4 / qcm 26,0 / ccm 130	cm 5,8 / qcm 36,6 / ccm 200
	kg	kg	kg	kg	kg
Quarzfels	1050	1 640	2 360	3 220	4 200
Gabbro	800	1 250	1 800	2 450	3 200
Grünstein	700	1 100	1 580	2 140	2 800
Einige Quarzgesteine	500	780	1 100	1 530	2 000
Basalt	600— 950	940—1 480	1350—2140	1840—2910	2400—3800
Granit, Syenit, Gneis	500—1 000	780—1 560	1125—2250	1530—3060	2000—4000
Grauwacke	450— 750	700—1 170	1010—1680	1330—2300	1800—3000
Kalksteine verschiedener Formationen .	150— 850	230—1 330	340—1910	460—2600	600—3400
Muschelkalk verschiedener Fundorte . .	200— 600	300— 940	450—1350	610—1840	800—2400
Keuper und Keupersandstein	150— 850	240—1 250	340—1800	460—2450	600—3200
Kohlensandstein . .	450	700	1 000	1 380	1 800
Deistersandstein . .	150— 700	240—1 090	340—1580	460—2150	600—2800
Buntsandstein . . .	150— 550	240— 860	340—1240	460—1690	600—2200
Andere Sandsteine .	50— 300	80— 470	110— 680	150— 920	200—1200
Dolomit	150— 400	280— 620	340— 900	460—2120	600—1600
Oldenburger Klinker	400	620	900	1 220	1 600
Klinker aus anderen Gegenden . . .	150— 400	230— 630	340— 900	450—1220	600—1600
Gewöhnliche Ziegel .	50— 150	80— 240	110— 340	150— 450	200— 600

Aus dieser Tabelle ist unzweifelhaft zu entnehmen, daß mit der Größe der Steine die Tragkraft steigend zunimmt. Der Körpergehalt der Probestücke in erster Spalte: Quarzfels von 25 ccm hat eine Tragkraft von 1050 kg, er steigt bis zu der 5. Spalte bei 200 ccm um das Vierfache auf 4200 kg.

Man würde also im Walde gern eine Schotterstärke von 200 ccm oder eine noch größere wählen, auch statt einer Steinbahn mit Schotterdecke die Pflasterung vorziehen, wenn nicht im ersten Falle die schwierige

[1]) Die Tabellen sind aus: F. Löwe, Straßenbaukunde. Wiesbaden 1895, C. W. Kreidels Verlag, entnommen.

Ebnung der Schotterbahn, im letzten die beschränkte Anwendbarkeit aus verschiedenen Gründen im Wege ständen.

Immerhin darf dem Gesetze, welches sich hierbei ausspricht, die Beachtung nicht versagt bleiben.

Ferner ersehen wir aus gedachter Tabelle, wie gering die Tragkraft mancher weitverbreiteten Gesteinsarten überhaupt ist, aber insbesondere, wieviel der Unterschied unter sich — bis zum sechsfachen Werte — beträgt.

Große Beachtung verdient auch die geringere Tragkraft und die größere Abnutzung der Steine im nassen Zustande im Vergleich mit dem trockenen.

Von den Ergebnissen der Versuche, welche mit württembergischen Gesteinen in der Prüfungsanstalt der k. technischen Hochschule zu Stuttgart in bezug auf Druckfestigkeit und Abnutzung angestellt worden sind, folgen nur einige:

Gesteinsart	Wasseraufnahme in °/o für 1 kg Steine	Druckfestigkeit in Kilogramm für 1 qcm				Abnützung in g bei 100 Umdrehungen der Scheibe			
		In trockenem Zustand		In naßem Zustand		In trockenem Zustand		In naßem Zustand	
		höchster Betrag	niederst. Betrag	höchster Betrag	niederst. Betrag	höchster Betrag	niederst. Betrag	höchster Betrag	niederst. Betrag
Granit . . .	0,014 0,338	1 898	1 649	1 872	1 594	5,8	5,0	10,2	8,8
Porphyr . .	1,479	2 033	1 715	2 043	1 902	3,8	3,8	7,4	7,0
Basalt . . .	0,25	2 484	1 952	2 250	1 752	10,8	5,5	21,2	14,1
Ob. Bundsand Kieselsandst.	1,137	1 746	1 301	1 625	1 322	4,5	4,0	9,3	6,8
Unt. Muschelkalk . . .	0,083	1 573	1 369	1 634	1 215	31,6	24,7	37,1	35,0
Keupersandst.	0,238	1 118	968	1 065	841	8,8	6,5	16,6	10,9
Unt. weißer Jura . .	1,251 2,248	1 326	1 060	1 195	871	42,7	28,4	98,0	51,8

Bei diesen Gesteinen spricht sich namentlich die doppelt so starke Abnutzung im nassen Zustande dem trockenen gegenüber aus.

Zu dem „nassen Zustande" kommt noch die Gefahr durch Frosteinwirkung, welche das Zerbröckeln herbeiführen und dadurch die wichtigsten Eigenschaften für den Wegbau, die Tragkraft und den Widerstand gegen die Abnutzung zu nichte machen kann.

Trockenlegung und Trockenhaltung der Wege ist daher eine der vornehmsten Wegebauregeln.

Die Widerstandsfähigkeit der Gesteinsarten gegen den Stoß kommt weniger für die Waldwege, vielmehr bei dem Bau der Straßen mit sehr starkem Verkehr in Betracht, sie ist am meisten den harten Steinen mit sehr dichtem Gefüge eigen.

Die Beschädigungen durch Stoß verursachen hauptsächlich die Hufbeschläge der Pferde bei Schnellfahrten und bei Frachtfuhrwerk; bei der ruhigen Gangart der Gefährte im Walde sind sie von geringerer Bedeutung.

Um die großen Nachteile abzuwenden, welche beim Waldwegebau durch die Verwendung minderwertiger Gesteine herbeigeführt werden, sollte viel mehr Gewicht gelegt werden auf die Gütefeststellung der in den einzelnen Revieren vorkommenden Steinarten.

Das heute noch übliche Suchen nach Steinen in der Nähe der Wegezüge soll man unterlassen, aber nicht versäumen, in jedem Revier eingehende Untersuchungen vorzunehmen, wo die besten und ausgedehntesten Brüche anzulegen sind.

Man kann ein Revier mit nichts mehr verunstalten, als durch die Anlage von Steinbrüchen in allen Ecken und Enden!

Ein Steinbruch ist keine Zierde, weder für den Wald, noch für die Fluren; am wenigsten stört ein solcher, wenn er anschließend an feststehende Wege in Krümmungen mit scharfen Felsvorsprüngen angelegt werden kann, es sind oft die gegebenen Punkte mit dem festesten Gestein und ersparen besondere Weganlagen zu anderswo liegenden Brüchen.

Ein Abbau an solchen Stellen kann auch die Erbreiterung der Fahrbahnen ohne besondere Kosten herbeiführen und damit zur bequemeren Fahrbarmachung der Wegkrümmungen beitragen.

Ein Steinbruch in einer regelmäßig geformten Bergwand ist stets störend und im Nadelholz auch äußerst gefährlich.

Die Abgabe von Steinen aus dem Walde rechnet zwar zu den Nebennutzungen, aber sie unter diesem Trugschild als Einnahmequelle anzusehen, gereicht den Waldbesitzern nicht zum Vorteil [1]).

---

[1]) Selbstredend sind die Fälle ausgenommen, in denen sich die Abgabe von Steinen aus dem Walde als lohnender Gewerbebetrieb gestalten kann.

In den seltensten Fällen kann im Forsthaushalt durch Steinverkauf ein Nutzen herausgerechnet werden, denn nichts richtet die Wege mehr zugrunde, als Steinfuhrwerk.

Der Forstverwaltungsbeamte muß dies um so mehr beachten, weil andernfalls die Wegnetzlegung, welche dem Hauptgrundsatz folgend, die Geraden Abfuhrwege möglichst mit Fall aus dem Walde zu den Absatzorten führt oder schon geführt hat, diesem Ruin der Wege geradezu in die Hände arbeitet.

Sonstige Grundbesitzer — Gewerbebetrieb ausgenommen — bewahren ihr Gelände vor Steinbruchanlagen, und die Gemeinden suchen in den meisten Fällen ihre Flur und ihren Wald so lange zu schonen, als der Bezug aus den Staatswaldungen ihnen zugestanden wird.

Der Preissatz (Taxe), welcher im Forsthaushalt festgesetzt wird, falls er auch dem örtlichen Preis entspricht, ersetzt nie den Schaden, welcher durch die Steinabgaben verursacht wird.

In der Regel muß es als ein Verdienst des Revierverwalters erachtet werden, wenn er seinen Forst vor Steinabgaben bewahrt, welche nicht zum Vorteil des Waldes und seines Besitzers gereichen.

Kies und Sand sind die Hauptvorkommen der Tertiärformation, des Diluviums und Alluviums.

Sand ist die Verwitterung aus quarzhaltigen Gesteinen, findet sich auch in anderen durch Verwitterung von quarzhaltenden Massen und Konglomeraten. Je mehr Quarzteile ein Sand enthält, um so wertvoller ist er; für den Wegebau ist er nicht zu entbehren.

Grober Sand und abgerundete Quarzkörper werden gewöhnlich mit „Kies" benannt; mit „Grand" bezeichnet man ein Gemenge von Kies und sonstigen kleinen Gesteinsteilen.

Außer diesen Naturgebilden werden in Gegenden mit Eisenindustrie die Rückstände beim Schmelzen von Eisensteinen — die Schlacken — beim Wegebau verwendet.

Bei diesem Verbrauch ist die größte Vorsicht geboten, weil nur die besten Erzeugnisse zum Härten der Wege verwendbar sind.

Man unterscheidet glasige und steinige Schlacken, die ersteren entstehen bei plötzlicher oder doch rascher Abkühlung der feuerflüssigen Massen, während langsame Abkühlnng stets steiniges Gefüge nach sich zieht.

Beim Schmelzen der Eisensteine ist bekanntlich ein Kalksteinzusatz erforderlich, es ist daher in jeder Schlacke Kalk enthalten; die zu kalkhaltige ist zu Schotter unbrauchbar, nur die sog. Silikatschlacke, bei welcher ein großer Teil des sich in Lösung befindenden Kalkes als Kalksilikat gebunden wird, gibt ein einigermaßen brauchbares Beschotterungsmittel.

Nur diese steinige „Gießerei-Roheisenschlacke", welche einesteils an dem Gefüge und dann auch an der nicht zu hellen und auch nicht zu tief grauen Farbe zu erkennen ist, gilt als ein brauchbarer Stoff mittleren Ranges.

Alle übrigen Farbentöne, vom hellen Weiß bis zum tiefen Schwarz sind zu verwerfen.

V. Abschnitt.

Der künstliche Steinausbau der Waldwege.

Zu den im Walde anzuwendenden künstlichen Steinbahnen zählen:

1. Die volle Steinschlag-Fahrbahn (auch Kleinschlag- oder Schotterbahn benannt.)

Sie besteht aus der Packlage oder dem Gestücke, der Kleinschlag- oder Schotterdecke und einer Decklage von kleinkörnigem Kies oder scharfem Sand.

2. Die einfache Steinschlag-Fahrbahn (ähnlich dem Mac-Adam'schen Verfahren.)

Sie wird durch eine untere Grobschlagschichte, eine obere Kleinschlaglage und dieselbe Decke von Kies oder Sand, wie bei der vollen Steinschlag-Fahrbahn gebildet.

3. Die Pflasterung von ziemlich regelmäßig geformten stärkeren Steinen und ihre Einbettung in eine Sandschichte. Zu ihrer allgemeinen Anwendung fehlen vielerorts die beiden Baustoffe; wo diese leicht zu beschaffen sind, ist sie sehr zu empfehlen.

In Bodenarten, auf welchen belastetes Fuhrwerk tiefe Geleise bildet, sind Waldwege, welche ständig mit Lasten befahren werden, mit einer vollen Steinschlag-Fahrbahn zu versehen. Es zählen hierzu in erster Linie alle Wege, welche gleichzeitig öffentliche Landwege sind, unsere Hauptwege und Geraden Abfuhrwege.

Auf einem Boden, der mit festem Gestein reichlich durchsetzt ist, können Waldwege, welche nur in gewissen Zeitabschnitten mit Lasten befahren werden und in ebener oder nur mäßig geneigter Lage — bis etwa 3 % bis 4 % — verlaufen, eine künstliche, volle oder einfache Steinschlag-Fahrbahn ganz entbehren.

Auf schwerem oder auch lockerem, steinfreiem Boden wird für solche Wege eine einfache Steinschlag-Fahrbahn in den meisten Fällen genügen.

Zu beiden Unterschieden rechnet die große Zahl der Einteilungswege[1]).

Der Forstmann kann bei dem Ausbau seiner Wege auf Vorarbeiten, wie Entwerfen von Längs- und Querschnitten und den darauf fußenden Massenberechnungen in der Regel verzichten, weil ihm die freie Bewegung im Walde zugute kommt, muß aber auf die Festigkeit und Haltbarkeit, ebenso auf die Güte aller zur Verwendung kommenden Baustoffe mehr Gewicht legen, als der Wegebauer in freiem Gelände, weil auch die Feuchtigkeit und der öftere Mangel an Licht und Luft im Walde seine Ausführungen mehr als diesen bedrohen.

Weise Sparsamkeit muß stets seine Losung sein, denn nichts kann seinen Reinertrag mehr bedrohen als die Kosten für Wegebau; aber vermeintliche bezw. falsche Sparsamkeit ist geradezu unheilbringend, weil sie vielfach das Hindernis einer gedeihlicher Entwickelung des unentbehrlichen guten Ausbaues ist.

Bezüglich der Breite der Steinbahnen derjenigen Wege, welche gleichzeitig öffentliche Landwege sind, wird von den mitbeteiligten Behörden in der Regel eine Mindestbreite von 4 m verlangt; wo aber die Forstverwaltung allein zu bestimmen hat, reicht bei Wegen, auf denen meistens beladene und leere Wagen sich begegnen, eine Breite von 3,5 m aus.

Diese noch schmaler zu gestalten, wird eine Kostenersparnis nicht herbeiführen, kann vielmehr die Unterhaltung sehr vermehren, denn bei schmaleren Steinbahnen leiden nicht allein die Fahrbahnen durch das Einhalten ein und derselben Spur, sondern auch ihre Ränder beim Ausweichen sich begegnender Wagen.

Zu der vermeintlichen falschen Sparsamkeit zählen die noch häufigen Einreden gegen die Kronen- und Grabenbreiten; daß letztere lediglich von der Wegbreite und der vorzunehmenden Erhöhung eines Wegkörpers abhängen, wird gewöhnlich von Anfängern im Wegebau nicht bedacht.

Die Breite der Wegkronen im Walde ist deren wichtigste Eigenschaft. Derjenige, der diese bestimmt, übernimmt die größte Ver-

---

[1]) Zu den bei der „wirtschaftlichen Einteilung und Wegnetzlegung, Abschnitt V. 1, Berlin bei Jul. Springer 1902“ schon besprochenen Gründen, diese Wege möglichst eben oder doch nur schwach geneigt zu gestalten, fällt der Grund, der Ersparnis an Baukosten, noch erheblich ins Gewicht.

antwortung. Selbst bei Erdwegen bedingt ausgiebige Breite ihre mehr oder mindere Brauchbarkeit und Dauer.

Wie bereits betont, muß der Fuhrmann auf schmalen Erdwegen die einmal bezeichnete Spur einhalten, wodurch bald Störungen eintreten, welche immer wieder aufs neue beseitigt werden müssen und dadurch dem unersättlichen Vielfraß beim Wegebau „der sog. Unterhaltung" neue Opfer zuführen.

Bei ausgiebiger Breite kann der Fuhrmann ausweichen, er ist gar nicht genötigt, tiefe Geleise zu verursachen, und entstehen doch mal solche, dann können sie oft durch seitliches Ausweichen wieder ausgeglichen werden.

Für Wege mit Steinbahnen bleibt noch die Breite der Fußwege zu besprechen.

Die Erfahrung hat festgestellt, daß die kostspielige Verwendung von sog. Rand-Bord- oder Bandsteinen sich im Walde nicht bewährt, daß vielmehr eine beiderseitige Begrenzung der Steinbahnen mit ausgiebig breiten Fußwegen die sicherste Gewähr für deren Zusammenhalt bietet.

Nach meinem Verfahren der Waldeinteilung sollen die Einteilungswege die sog. Wirtschaftsstreifen abgeben, welchen aus rein forstwirtschaftlichen Gründen eine Breite von 10 bis 12 m zu geben ist.

Als Schutzmittel gegen Brandgefahr können die Wege die wirksamste Hilfe leisten, selbstredend in erhöhterem Maße, je breiter sie sind.

Ferner wird ein breiter Weg den Waldbesitzern mehr Vorteil bringen, wenn er neben der Holzverbringung auch der Aufstapelung dienen kann. Alles Gründe, der Fußwegbreite dasjenige Maß zu geben, welches sie zu den verschiedenen Leistungen befähigt.

Diesen Wünschen und Forderungen kann aber vollständig Rechnung getragen werden, ohne die erste streng forstliche Forderung von 10 bis 12 m für diese Wege zu überschreiten.

Die von mir in den Beispielen angenommene regelrechte Breite für die Fußwege von 1,25 m wird bei Fortentwickelung des Waldwegebaues jedenfalls noch für zu gering erachtet werden, zumal es nur eine Frage der Zeit sein wird, das jetzt schon vielfach geübte Ausrücken des Holzes auf die Fußbahnen der Wege als Regel gelten zu lassen.

Der Fuhrmann ist der größte Schädling bei der Holzabfuhr aus den Schlägen, und jede Maßnahme, ihn vom Waldboden fern zu halten, ist ein Fortschritt[1]).

---

[1]) Man erinnere sich nur an das Bild eines eben geräumten Eichen- oder Buchen-Anwuchses, aus dem die Stämme und das letzte Holz abgefahren worden sind.

Die Vorbereitung zum Auflegen einer jeden Art von Steinbahnen ist der bereits behandelte Erdausbau. Es ist dabei schon betont worden, daß bei Wegen, welche mit einer Steinbahn versehen werden sollen, eine Erdwölbung unterbleiben kann. Wo man eine solche findet, muß die Wegkrone zu einer ebenen Fläche umgeformt werden.

Ein richtiger Ausbau der Wegkrone, besonders ihre gute und gleichmäßige Tragfähigkeit, sichert ein gleichmäßiges Setzen der Steinmassen; daher ist es ratsam, wenn irgend möglich, nicht sofort nach dem Erdausbau die Steinbahn aufzulegen, vielmehr mindestens einen Winter verstreichen zu lassen, damit ein ungleiches Setzen noch zeitig erkannt und verbessert werden kann.

Das oft empfohlene Festfahren einer Erdbahn im Sommer bei trockenem Wetter kann nur bei sachverständiger Aufsicht zum erwünschten Ziele führen.

Auf dem Erdkörper ist schließlich noch das Ausheben des Steinbettes oder des Kastens vorzunehmen. Es hat den Zweck, dem Steinkörper einen festen Widerhalt zu geben, und muß daher seiner Stärke ziemlich entsprechen.

Das Steinbett wird mit derselben Wölbung ausgeformt, welche der fertigen Steinbahn zugedacht ist; es setzt also voraus, daß diese in ihrer Breiteausdehnung mit gleicher Höhe hergestellt wird[2]).

Den Erdwegen auf mit Steinen gemengtem Boden gibt man gewöhnlich 8% Wölbung, was bei einer Kronenbreite von 6 m einer Pfeilhöhe von $\left(\frac{6}{2} . 0{,}08\right) = 0{,}24$ m gleichkommt. Wenn die für eine Steinbahn hergerichtete Krone aus Erde ohne erhebliche Steinmengung besteht, wird man diese Wölbung auch für die Breite des Steinbettes beibehalten und dieses mit einer Pfeilhöhe von $\left(\frac{3{,}5}{2} . 0{,}08\right) = 0{,}14$ m ausheben. Durch die vorzunehmende schwache Abwölbung des mittleren Meters und durch das Abwalzen der Steinbahn wird sie noch etwas, je nach der Tragkraft des Bettes, herabgedrückt.

Bei steinfreiem Boden mit geringer Tragkraft muß der Prozentsatz der Wölbung etwas erhöht werden. Man kann hierfür keine allgemein gültigen Zahlen angeben, der Wegebauer muß das für seinen Boden ausprobieren, es ist aber wichtig, daß es genau geschieht, denn sobald

---

[2]) Die andernorts aufgetauchte Ansicht, den Steinbahnen in der Mitte eine stärkere Höhe zu geben und diese nach den beiden Seiten hin abfallen zu lassen, dürfte sich im Walde nicht empfehlen.

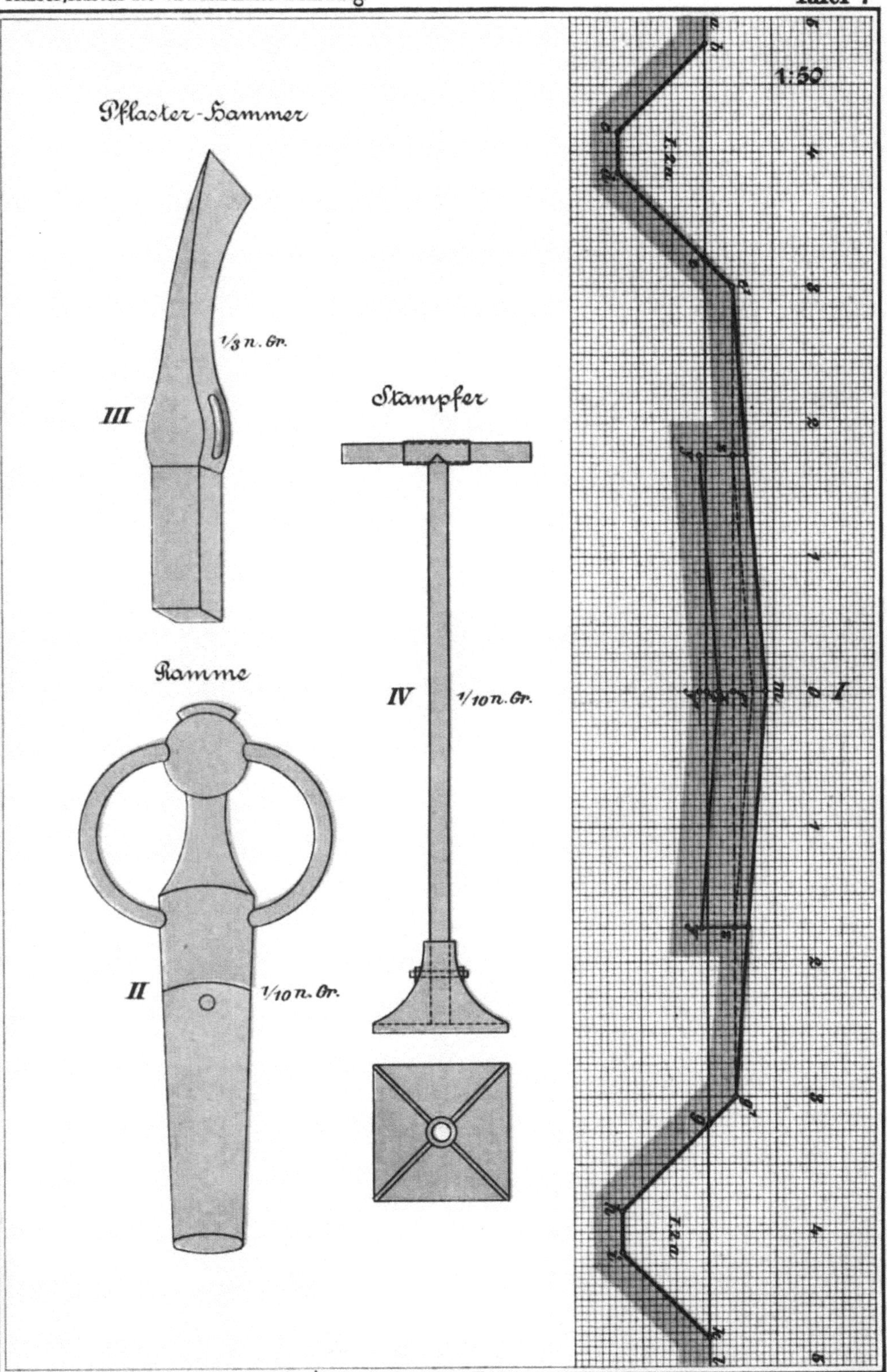

Verlag von Julius Springer in Berlin
Geogr.-lith. Anst. u. Steindr. v. C. L. Keller in Berlin.

die Steinbahn beim Walzen durch die Bodenbeschaffenheit zu viel nachgibt und dadurch die Wölbung zu schwach wird, muß sie mit dem kostspieligen Schotter wieder erhöht werden.

Tafel 7 Zeichnung I stellt den Querschnitt eines auf ebenem Gelände mit 6 m Kronenbreite ausgebauten Weges dar. Um beim Erdbau die Krone 0,2 m zu erhöhen, mußten beiderseits Gräben bei $^4/_4$ Böschung mit 1,6 m Breite ausgehoben werden; es war also eine Gesamtwegbreite von: $6 + (2 \,.\, 1{,}6) + (2 \,.\, 0{,}2) = 9{,}6$ m vorzusehen.

Für eine Fahrbahn mit harten Steinen ist das Bett y z auf beiden Seiten mit mindestens 0,25 m auszuheben; es kommt dabei die Packlage nur an den beiden Seiten 0,05 m in den gewachsenen Boden und 0,20 m in den Auftrag. Für die Pfeilhöhe des Steinbettes $y^1 x$ $(1{,}75 \,.\, 0{,}8\,\%) = 0{,}14$ m wird der Punkt x am besten von der Mitte der Wegkrone, dem Punkte f′ aus, mit $(0{,}25 - 0{,}14) = 0{,}11$ m $=$ f′ x bestimmt und nach dem Ausbau des Bettes der mittelste Meter um etwa 0,05 m abgewölbt.

Der Aushub des Steinbettes $zy + f'x = \left(\frac{0{,}25 + 0{,}11}{2}\right) \,.\, 3{,}5 \,.$ $1 = 0{,}63$ cbm ist gleichmäßig auf die beiden Fußwege zu verteilen; wenn sie auch höher als erforderlich werden, so verkrümelt sich während des Baues der Steinbahn noch ein Teil. Bleiben sie dennoch zu hoch, dann ist später so viel abzutragen, daß sie mit der fertigen Steinbahn übereinstimmende Wölbung erhalten, oder der Rest von Erde ist gleich auf den äußeren Rand der Fußbahn aufzusetzen.

Sobald bei dem Verbrauch weicherer Steine eine Fahrbahn höher wird, muß sich die Tiefe des Steinbettes danach richten, wie bereits schon vorher angedeutet wurde.

1. Die volle Steinschlag-Fahrbahn.

Die Gesamtstärke, welche dem Steinkörper einer vollen Steinschlag-Fahrbahn zu geben ist, hängt ab:

a) von der Stärke des Verkehrs, wieviel Fuhrwerke den Weg im Jahresdurchschnitt durchfahren, ob mehr im Sommer oder im Winter?

b) von der Schwere der zu bewegenden Lasten. Bei öffentlichen Landwegen hängt das zulässige Lastgewicht von gesetzlichen Bestimmungen ab, bei Waldwegen kann die Verwaltung das höchst zulässige Ladegewicht bedingen.

c) von der Haltbarkeit des Erdausbaues, ob er aus steinigem, schwerem, lockerem oder sandigem Boden besteht,

d) von dem Wert der zur Verwendung kommenden Steine,
   a) ob harte mit der Wertziffer von 16 bis 20,
   b) ob mittelharte mit der Wertziffer von 14 bis 15,
   c) ob weichere mit der Wertziffer von 6 bis 10.

   Steine unter der Wertziffer 6 sind nicht zu verwenden, weil es die Arbeit nicht lohnt.

e) ob Kies und Sand, und in welcher Güte und Menge, zu Gebote stehen?

Wie die Gesamtstärke einer vollen Steinschlag-Fahrbahn zu bemessen ist, ob neben der Breite nach ihrer Höhe oder ob die Verwendung einer gewissen Steinmenge als alleiniger Maßstab gelten soll, ist für den Waldwegebau eine Hauptfrage!

Verfasser hält nach seinen, auf selbst geleiteten Ausführungen fußenden Erfahrungen den letzten Maßstab für den allein richtigen, weil bei seiner Anwendung die Bauten am leichtesten zu überwachen und die Stärke der Steinbahnen am sichersten festzustellen sind.

Unsere forstlichen Wegebau-Schriftsteller haben nach dem Beispiel der Schriftsteller für den öffentlichen Straßenbau, bei dem Bau der Steinbahnen, neben der Breite ihre Höhe als Maßstab angenommen. Diese letztere schwankt, je nach der Baustoffgüte, zwischen 0,25 m und 0,45 m.

Die Forstverwaltungen sind dieser Verfahrungsweise (so weit meine Kenntnis reicht) gefolgt, indem sie nach der Breite und der nach Packlage und Schotterdecke getrennten Höhe den Steinbedarf ermittelten. In der Regel geschieht aber nach der Ausführung die Abnahme der Packlage und der Kleinschlagdecke nach den bedungenen Höhenmaßen. Daß hier und da auch anders verfahren wird, namentlich wo zur Packlage und zur Schotterdecke verschiedenartige Steine verwendet werden, ist für die folgenden Erörterungen belanglos.

Nach meinem Verfahren soll die Steinmenge, welche zu einer vollen Steinschlag-Fahrbahn erforderlich ist, sobald ihre Breite feststeht, nach Abwägung aller eingangs unter a bis e erwähnten örtlichen Verhältnisse nur nach dem Raummaß der Steine festgesetzt werden.

Zu einer 3,5 m breiten Steinbahn werden für das Längenmeter genügen von den Steinen mit der Wertziffer:

a) 16 bis 20—1 cbm bis 1,20 cbm	Raummaß
b) 11 „ 15—1,15 „ „ 1,30 „	mit 75 %
c) 10 „ 10—1,25 „ „ 1,40 „	fester Masse

(Für eine Breite von 4 m ist dem vorstehenden Raummaße je 1/7 zuzusetzen.)

Die Angabe des Festgehaltes von 75 % ist nur ein Anhalt für die Verwaltung, es ist damit die feste Masse angedeutet, welche gewöhnlich gut aufgesetzte Bruchsteine, die noch nicht absichtlich zerkleinert worden sind, ergeben werden.

Um den Unterschied der Wertziffern von Steinen, die in einem gegebenen Falle zur Verwendung kommen, richtig zu stellen, oder außergewöhnliche Verhältnisse, besonders die größere Verkehrsstärke eines Weges, zu berücksichtigen oder den Verbrauch von Lesesteinen oder von Geröllagern, welche einen Festgehalt von 75 % im Raummaß nicht ergeben werden, auszugleichen und auch für schlechte Bodenverhältnisse des Erdbaues u. s. w. u. s. w., ist der Spielraum bei den Gesteinsarten unter a, b, c, z. B. 1 cbm bis 1,20 cbm gegeben.

Für die Herstellung einer vollen Steinbahn, bei welcher zur Packlage und Kleinschlagdecke ein und dieselbe Gesteinsart zu verwenden ist, wird die für das Längemeter bestimmte Raummasse an den Gebrauchsort geliefert, und damit ist die Überwachung über die Stärke der Steinbahn erledigt.

Daß der Beamte, welcher die Steine abnimmt, die Aufmalterung im Hinblick auf den Festgehalt genau untersucht und feststellt, muß um so sicherer angenommen werden, weil es die einzige Prüfung ist, welche ihm nach dieser Richtung hin obliegt.

Die Schätzung des Festgehaltes bei Steinen ist schwieriger, als bei der Holzformung von Schichtholz, weil im Inneren der Maße Veruntreuungen vorgenommen werden können, dagegen kann bei zweifelhaften Lieferanten bedungen werden, daß nach dem Ergebnis der Umsetzung von einigen Kubikmetern die Bezahlung für die Gesamtmasse zu erfolgen hat.

Wird nur eine Art von Steinen verwendet, dann läßt man sie der neuen Wegstrecke entlang so aufsetzen, daß der Arbeiter das Maß für jeden Längemeter im Auge hat, er verbraucht dann stark 2/3 zur Packlage und knapp 1/3 zur Schotterdecke. Auf kleine Überschreitungen zugunsten des einen oder anderen Teiles, ist großes Gewicht nicht zu legen, die Hauptsache bleibt, daß das richtige volle Steinmaß für die bestimmte Länge geliefert und auch verbraucht wird. Das Aufsetzen auf einen der Fußwege ist die bequemste Art und Weise, aber diese Bestimmung muß in jedem einzelnen Falle nach der Örtlichkeit getroffen werden.

Kommen verschiedene Steinsorten zur Verwendung, dann müssen sie getrennt aufgesetzt werden. Man rechnet sich aus, auf wie viele Meter Länge volle Steinmaße zu liefern sind, und sorgt, daß solche Teilstrecken bezüglich der Anlieferung gehörig überwacht werden.

Die stärksten Steine werden zur Packlage hergerichtet, ihre Form ist die dem Kegel oder Trichter ähnliche, man läßt sie so stark als tunlich, denn je stärker sie bleiben können, um so widerstandsfähiger wird die Fahrbahn. Die Stärke und Länge richtet sich nach den Härteklassen, zu der sie gehören. Für die Klasse „a" kann man die Länge von 22—26 cm, für „b" von 23—27 cm, für „c" von 25—30 cm annehmen.

Die Gestücksteine werden mit ihrer Lagerfläche auf das gewölbte Steinbett so dicht nebeneinander eingesetzt, daß sie guten Halt bekommen, auf ebenen Wegen senkrecht zu ihrer Längsachse, bei geneigten Wegen mit Neigung nach der Bergseite; weil Bandsteine wegfallen, müssen an die Seiten starke lagerhafte Steine eingesetzt werden. Die durch die Kegelform der unteren Lage gebildeten Hohlräume werden durch passende Steine dicht ausgelegt, damit ein möglichst hoher Festgehalt der Packlage erreicht wird, ohne eine Oberfläche mit breiten, flachen Steinen zu bilden; erst dann geschieht das Abschlagen zu hoher Steinspitzen.

Die erwünschte Höhe des Gestückes ist erreicht, wenn etwas über zwei Drittel der für das Längemeter vorgesehenen Steine verbraucht ist.

Auf diese Packlage, die nicht geebnet, vielmehr noch eine zahnartig dichtgefügte Fläche darstellen muß, wird von dem schwachen Drittel der Steine stark die Hälfte gleichmäßig über die Fläche verteilt und zu Würfeln von 4—6 cm zerschlagen. Zuletzt wird der kleinere Steinrest ebenso gleichmäßig aufgebracht und verteilt, aber zu etwas kleineren Würfeln von etwa 4—5 cm zerkleinert.

Mit dieser letzten sorgsamen Verteilung ist die Ausformung der Steinbahn geschehen.

Diese Art der Herstellung von Steinbahnen leistet die sicherste Gewähr für einen richtigen Steinverbrauch [1]). Dem Förster erleichtert

---

[1]) Bei der Gewohnheit, das Gestück und die Kleinschlagdecke nach dem Höhenmaß herzustellen, sind Wege mit kaum glaublich geringer Steinverwendung gebaut worden.

sie die Überwachung ganz erheblich, schon der Wegfall der bisherigen Art der Schotterbeschaffung erspart ihm allein viele Zeit, die er nutzbringender zur Beaufsichtigung des Ausbaues von Packlage und Kleinschlagdecke verwenden kann.

Es ist besonders empfehlenswert, alle zu Kleinschlag bestimmten Steine stets auf der fertigen Packlage zerkleinern zu lassen, auch wenn diese aus weicherem Gestein hergestellt ist. Schon mit dem Bezuge als Bruchsteine ist ein erheblicher Vorteil gegen die Lieferung von fertigem Schotter im engen Kastenmaß verbunden, aber auch nach dem vorsichtigsten Auskeilen der Hohlräume wird immer noch durch das Arbeiten auf der Packlage und durch die Abspliffe beim Zerschlagen der Steine ihre Verdichtung gefördert. Eine auf solche Weise gebildete Fahrbahn nützt sich viel gleichmäßiger ab, sie ist wie aus einem Guß geschaffen, und bei späterem Erneuern der verbrauchten Decke ist kaum eine Grenze von Packlage und Schotter festzustellen.

Gegenüber der früheren Übung, den Schotter in Würfel bis 2,5 bis 3,0 cm zu zerkleinern, empfiehlt es sich, im Walde den Kleinschlag so stark zu lassen, bis es die Schwierigkeit beim Walzen, eine glatte Fahrbahn herzustellen, verbietet. Wo genügend Sand zu Gebote steht, ist dies bei Würfeln bis zu 5 cm noch zu bewältigen.

Bei Besprechung des Wertes der Gesteine zum Wegebau ist nachgewiesen, daß ein Würfel von 6 cm viermal soviel Tragkraft besitzt, als ein solcher von 3 cm. Hierdurch erklärt sich auch der geringere Wert des durch Quetschung hergestellten Schotters, weil er mehr die Form von Splittern als von Würfeln hat.

Die Steinbahnen im Walde werden hauptsächlich mit Lastfuhrwerk bei ruhiger Gangart befahren, die wichtigste Eigenschaft des Baustoffes ist sonach die Widerstandsfähigkeit gegen Druck, also die Tragkraft; das darf nie außer acht bleiben. Die Zerkleinerung aller Steine darf nur soweit gehen, als sie zur Herbeiführung der Festigkeit des Steinbaues erforderlich ist.

Kann das Walzen einer Steinbahn (welches später besprochen wird) nicht sofort nach ihrer Fertigstellung geschehen, so ist das Aufbringen einer schwachen Lage von Sand oder feinem Kies doch ratsam, damit ein Teil desselben bei Regenwetter in den Wegkörper eingeschlämmt wird. Vor dem Walzen ist das Befahren eines neuen Weges, wenn tunlich, zu vermeiden.

Wenn die Packlage mangels genügend harter, zu Schotter nicht empfehlenswerter Steine aus weicheren Gesteinsarten hergestellt werden muß, ist im Verhältnis zu deren Härtegrad eine größere Menge zu verwenden. Unter 1 cbm schwächerer Steine für das Meter soll man nur im Notfalle gehen, denn es handelt sich darum, der Kleinschlagdecke eine möglichst hohe und trockene Unterlage zu geben.

Auch in diesem Falle ist es vorzuziehen, die zu Schotter zu verwendenden Steine nur in Bruchsteingröße zu beziehen und sie auch auf der hergestellten Packlage zerschlagen zu lassen. Man wird dann mit 1 cbm Bruchstein für 3 m Weglänge, also für 1 m Länge 0,33 cbm, ausreichen und hat es in der Hand, dem Steinschlag die erwünschte Stärke zu belassen.

Selbstredend müssen die Steine für Packlage und für Schotter in diesem Falle getrennt aufgesetzt werden.

2. Die einfache Steinschlag-Fahrbahn.

Auf einem Boden, welcher durch Lastfuhrwerke nicht ohne künstliche Steinbahn dauernd zu befahren ist, kann bei Nullwegen oder bei solchen Wegen, die mit einer geringen Neigung, etwa mit 3—4%, angelegt sind, welche auch nur zeitabschnittlich oder in geringem Maße benutzt werden, die Herstellung einer einfachen Steinbahn ausreichen.

Es zählen zu diesen Wegen eine Anzahl Wirtschaftswege, die auch teilweise zur Einteilung Verwendung finden. Ihre geringe Neigung und das dadurch unterbleibende Hemmen der Fuhrwerke schützt sie vor starker und rascher Abnutzung.

Die *einfache Steinschlag-Fahrbahn* unterscheidet sich von der *vollen* durch den geringeren Steinverbrauch und durch den Wegfall der Packlage. Sie soll eine festgelagerte Steinmasse bilden, von welcher die Steingröße von unten nach oben stufenweise abnimmt. Vergleichsweise

bei hartem	Gestein in Würfeln von	9, 7, 5 cm	Stücke
„ mittelhartem	„ „ „ „	10, 8, 5	„ „
„ weicherem	„ „ „ „	11, 9, 5	„ „

Zu einer solchen Steinbahn sind erforderlich bei einer Breite von 3,5 m und 1 m Länge:

a) von hartem	Gestein mit der Wertsziffer	16—20 = 0,7—0,8	cbm
b) „ mittelhartem	„ „ „ „	11—15 = 0,8—0,9	„
c) „ weicherem	„ „ „ „	6—10 = 0,9—1,0	„

Für die Anwendung des Spielraumes von 0,7—0,8 cbm bei a

u. s. w. sind die auf Seite 77 unter a bis e aufgeführten Erwägungen maßgebend.

Die Vorbereitung zum Auflegen der Steinbahn bildet, wie bei der vollen Steinschlag-Fahrbahn, der Erdausbau mit ebener Krone, auf deren guten Ausbau mit möglichster Tragfähigkeit um so mehr Bedacht genommen werden muß, weil eine geringere Steinmasse zur Verwendung kommt.

Das Steinbett ist für hartes Gestein 20 cm, für weicheres bis 25 cm tief an beiden Seiten auszuheben und mit $8\,\% = \left(\frac{3{,}5}{2} \,.\, 0{,}08\right)$ 14 cm zu wölben.

Bei den angegebenen Raummaßen der zu verwendenden Steine ist sehr auf deren Festgehalt zu achten, welcher nur bei Bruchsteinen mit angemessener Stärke 75 % feste Masse betragen kann. Bei losem Gestein, wie es vielfach in Geröllen von Quarzit, Porphyrit, Basalt u. s. w. vorkommt und wegen seiner handlichen Größe für diese Fahrbahnen gesucht und gern verwendet wird, darf ein entsprechender Zusatz in den Raummaßen nicht versäumt werden.

Eine gute Dichtung beim Einsetzen der Steine vom Boden des Bettes bis zur Oberfläche ist der Wertmaßstab für jede Steinbahn. An den beiden Seiten ist es schwieriger, mit den kleineren Steinen eine festgeschlossene Schicht zu bilden, als bei der Packlage der vollen Steinschlagbahn; dies muß besonders beachtet werden.

Die oberste Steinlage darf bei Würfeln bis zu 5 cm Stärke bleiben, wenn durch eine genügende Decklage von Sand oder Kies die Festigkeit der Fahrbahn zu erreichen ist; auch wenn das Walzen nicht sofort geschehen kann, ist sie mit einer leichten Decklage von Sand oder feinem Kies zu überschütten.

Da, wo zweierlei Gesteinsarten verwendet werden müssen, ist selbstredend für die oberste Lage die härteste Sorte zu nehmen.

Jedes Zerkleinern der Steine muß auf der Fahrbahn geschehen.

3. Die Pflasterung.

Sie besteht in einer Einbettung von ziemlich regelmäßig geformten Natursteinen, welche durch eine einfache zweckentsprechende Zurichtung gebrauchsfähig gestaltet werden. Im Walde kann von Pflasterungen mit regelmäßig behauenen Steinen, wie sie die Jetztzeit in den Städten kennt, keine Rede sein. Diese Pflaster bedürfen meistens eines Unterbaues, welcher je nach den Bodenverhältnissen einer vollen Kleinschlagbahn gleichkommen kann, oder der durch künstliche Mörtelschichten aus Kies und hydraulischem Kalk oder Kies und Asphalt hergestellt wird.

Solche Steinbahnen dürfen allerdings als die beste Wegebauart, auch für Frachtfuhrwerk erachtet werden, weil sie durch die Stärke der Steine und namentlich infolge ihrer regelmäßigen und dichten Zusammenfügung auf fester Bettung dem Drucke der Lastfuhrwerke den stärksten und dauerndsten Widerstand entgegenzusetzen vermögen.

Diese Tatsache weist darauf hin, in Waldgegenden, wo Kieslager und Sand in genügenden Mengen zu Gebote stehen und wo Steine in ziemlich regelmäßigen Formen gewonnen werden können, auf die Pflasterung mit Natursteinen mehr, als bisher Bedacht zu nehmen, weil auch die Unterhaltung eine ungleich geringere, als bei Steinschlagbahnen ist.

Vor dem 19. Jahrhundert kannte man in Deutschland kaum eine andere Art von Pflaster, als von zusammengesuchten, wenig bearbeiteten, aber passend geformten Steinen, und heute noch wird in den Dörfern innerhalb der Gehöfte gewöhnlich mit solchen Steinen gepflastert. Für rasches Fuhrwerk mit leichten Wagen sind solche Fahrbahnen wenig geeignet, sie genügen aber für Lastfuhrwerke.

Überall wo es an harten Steinen fehlt, oder sie nur für unverhältnismäßig hohe Preise zu beschaffen sind, wo nur weniger harte oder weichere Gesteinsarten, Kies und Sand vorkommen, dürfte es der beste Ausweg sein, mit solchen Steinsorten Pflasterbahnen anzulegen, denn ihre Dauer ist vielfach größer, als die von Steinschlagbahnen, welche aus solchen geringwertigen Steinen hergestellt werden.

Wenn der fertige Erdausbau mit ebener Krone nicht aus stark mit Steinen gemengtem, widerstandsfähigem Boden besteht, muß für die Pflasterbahn ein Unterbau aus Kies oder Sand, von etwa 8 cm bis 12 cm Stärke, hergerichtet werden. In diesem Falle hebt man zuerst das Steinbett etwa 20 bis 25 cm tief an beiden Seiten aus, formt dabei eine Wölbung von 6 % (bei 3,5 m Steinbahnbreite 10,5 cm bei 4 m Breite 12 cm Pfeilhöhe) aus und trägt auf das gewölbte Pflasterbett die Unterbauschichten von Kies so gleichmäßig auf, daß die Wölbung bestehen bleibt.

Vor Beginn der Pflasterung muß dieser Unterbau festgerammt oder gestampft werden, damit eine gleichmäßige, widerstandsfähige Oberfläche der Steine erzielt werden kann. Zuletzt bringt man auf diese Fläche die zum Pflastern erforderliche Sandschichte in der Höhe von

8 bis 10 cm und verteilt sie gleichmäßig; auch feiner Kies genügt, wenn er auch mit Körnern von Haßelnußgröße gemengt ist.

Als die beste Art der Pflasterung gilt das Reihenpflaster. Man versteht darunter die Anlage gleich breiter Steinreihen, welche rechtwinklig zu der Hauptfahrrichtung gestellt werden.

Gewöhnlich werden gewisse Maße für das Zurichten der Steine vorgeschrieben, z. B. 10 cm Breite, 16 cm Länge, 16 cm Höhe; dabei werden die sogenannten Anfänger oder Binder mit 24 cm (dem 1 1/2 fachen der ersten) Länge geformt, damit ein gewisser Verband in den gegenseitigen Reihen hergestellt werden kann. Im übrigen findet man die Anwendung der verschiedensten Steinmaße von 10 cm bis 20 cm Breite, von 16 cm bis 30 cm Länge und 16 cm bis 20 cm Höhe.

Für rasches Fuhrwerk ist die geringere Breite der Steine in der Fahrrichtung günstiger.

Je stärker die Breite und namentlich die Höhe der Steine ist, desto bedeutender ist die Widerstandsfähigkeit gegen Belastung.

Bei der Pflasterung im Walde kann von gleicher Breite und Länge abgesehen werden, aber eine gleichmäßige Höhe der Steine trägt zu der Erhaltung einer gleichbleibenden Oberfläche am meisten bei.

Je mehr man auch im Walde bestrebt ist, gleichbreite Reihen zu erzielen, um so günstiger ist es für die Fahrbahn; um dieses annähernd zu erreichen, wählt man für die einzelnen Reihen möglichst gleich breite Steine, so daß die Reihen mit verschieden starken Steinen untereinander wechseln.

Wo man im Walde an Pflastern denken kann, soll man in allen Steinbrüchen der Reviere auf das Ausscheiden der zu diesem Zweck tauglichen Steine Bedacht nehmen, auch die Steine nur von ständigen Arbeitern brechen lassen, von welchen der Vorteil ihrer Arbeitgeber am ehesten im Auge behalten wird. Auch da, wo das Pflastern noch nicht üblich, aber durch leichten Bezug von Kies und Sand ausführbar ist, wird es sich empfehlen, die in den Steinbrüchen anfallenden, zu einer Pflasterbahn gut geformten Steine in Vorrat[1]) anzusammeln, denn es finden sich in einem Revier immer einzelne Wegstrecken, für die eine Pflasterung besonders angebracht ist.

Um eine wünschenswerte Beschaffung von tauglichen Pflastersteinen herbeizuführen, muß man den Steinbrechern für das Ausscheiden solcher

1) Für diese Fälle dürfte eine Behandlungsweise herbeigeführt werden, durch welche die Nachweisung unverbrauchter Steine in den jährlichen Rechnungen erspart wird.

Steine einen Lohnzusatz bewilligen, der sie zu besonderer Aufmerksamkeit anfacht.

Den Steinen mit einer Oberfläche von länglicher Rechteckform ist zwar der Vorzug zu geben, jedoch im Walde kann man auch mit unregelmäßigen Formen, aber ziemlich ebener Oberfläche auskommen, wenn nur die Steine eine ziemlich gleiche Höhe, aber eine nur so gering abfallende Form haben, daß die untere Grundfläche im Verhältnis zur Oberfläche stark genug bleibt.

Auch die Reihenpflasterform ist anzustreben; wo aber dazu die Steine fehlen, muß man sich mit einem gut zusammengefügten unregelmäßigen Muster begnügen.

Bei Pflastersteinen, welche nach Breite und Länge genau zugerichtet sind, wird gewöhnlich für 1000 Stück die Fläche angegeben, welche damit gepflastert werden kann. Im Walde gibt bei Natursteinen von unregelmäßiger Breite und Länge die durchschnittliche Höhe der Steine, vervielfacht mit dem Flächengehalt von 1 m Fahrbahnlänge, den erforderlichen Raumgehalt der Steine für das Einheitsmaß der Weglänge an, z. B. 1 m Fahrbahnlänge und 3,5 m Fahrbahnbreite sind bei durchschnittlich 18 cm hohen Pflastersteinen: 3,5 qm . 0,18 m = 0,63 Kubikmeter erforderlich, wenn sie ausgesucht und schon etwas zugerichtet sind. Man wird für den großen Durchschnitt auch in Anbetracht der längeren Randsteine 0,75 rm annehmen können.

In den Städten werden in der Regel starke Randsteine aus festem Gestein tief eingesetzt, welche dem Pflaster als Widerlage dienen sollen und etwa 10 cm über die seitliche Pflasterhöhe hervorragen. Im Walde ist dies nicht angebracht, weil dadurch besondere Wasserabführungsanlagen erforderlich würden. Hier genügen Randsteine zu beiden Seiten der Pflasterbahn, welche für schweren Boden etwa 7 cm, in leichtem bis 10 cm länger sein müssen, als die übrigen zur Verwendung kommenden Steine. Sie müssen auch um diese Längen tiefer eingesetzt werden, damit sie mit den andern eine gleiche, gewölbte Fläche bilden können.

Nachdem das Pflasterbett ausgehoben, der Unterbau aufgebracht und festgerammt, auch die Bettungsschichte von Sand gleichmäßig verteilt ist, werden beiderseits der Fahrbahn zwei Richtschnuren gezogen und an starke Pfähle befestigt, welche der Höhe des Pflasters, auch der Neigung der Fahrbahn entsprechen und beiderseits genau übereinstimmen müssen. Zur Bestimmung der Wölbung werden dann noch

Pfähle in der Mitte der Fahrbahn eingeschlagen, welche um die Pfeilhöhe die seitlichen Schnuren überragen müssen.

Zuerst werden beiderseits die längeren Randsteine eingesetzt und bis auf die Höhe der beiderseitigen Schnuren eingerammt. Gleichzeitig müssen auch die angrenzenden Flächen der beiden Fußwege recht festgerammt werden, weil sie mit den Randsteinen die alleinige Widerlage für die Pflasterbahn bilden.

Dann werden die Zwischensteine mit Umhüllung einer Sandschichte so passend als möglich, aber mit Belassung eines kleinen Zwischenraumes für Sand von etwa 1 cm senkrecht so aneinander gebettet, daß sie etwa 5 bis 8 cm über das Maß der Wölbung und der Randsteine reichen.

Erst nach dem Einbetten einer größeren Strecke beginnt man mit dem Einrammen, wodurch die Steine erst nach und nach in die richtige Lage gebracht werden.

Der einzelne Stein darf nicht für sich allein festgerammt werden, alle Steine müssen erst von einer Seite der Pflasterbahn bis zur andern, vor- und rückwärts, nach allen Seiten und immer etwas tiefer festgestoßen werden, bis zuletzt eine gleichmäßige Oberfläche nach den vorgezeichneten Maßen erreicht ist.

Während des Einrammens soll auf die Pflasterdecke immer wieder etwas Sand aufgebracht werden, welcher durch Hin- und Herkehren die leeren Zwischenräume ausfüllen soll. Nur durch allmähliches, von vornherein nicht zu starkes Einrammen kann nach und nach eine tadellose Oberfläche geschaffen werden.

Wie bei den Steinschlagbahnen ihre Haltbarkeit und Dauer um so mehr bedroht wird, je stärker die Längswegneigung ist, so verhält es sich auch bei den Pflasterbahnen. Hier wird durch die hämmernde Wirkung der Räder nach und nach das sog. Kippen der Steine verursacht, welches die Unterhaltung gegen Pflasterbahnen mit mehr ebenem Verlauf immerhin etwas erhöht.

Vor allem ist bei Herstellung von Pflasterbahnen darauf zu halten, daß sie nur auf einen trockenen Erdkörper mit genügendem Unterbau gelegt werden. Wenn Nässe bis an den Steinkörper reicht, kann er von starkem Frost gehoben werden.

Eine seitliche Neigung der Pflasterbahnen trägt auch zu ihrer Erhaltung bei, sie kann aber etwas geringer als bei Steinschlagbahnen gegriffen werden. Bis 5 %.

Die frühere einfache Ramme aus Holz von Hainbuche oder Akazie, etwa 80 cm bis 90 cm hoch, ungefähr 12 cm Durchmesser, mit Kreuzgriff und Eisenringen um das untere Ende, ist in der Neuzeit durch solche von Eisen oder Stahl von verschiedenem Gewicht ersetzt worden. Für weichere Steine sind die letzteren mit Vorsicht zu gebrauchen, weil leicht Spaltungen oder Zertrümmerungen einzelner Steine vorkommen können.

Für die Arbeiten im Walde dürfte die auf Tafel 7 Zeichn. II u. III neben dem Pflasterhammer dargestellte Ramme, der obere Teil aus Holz, der untere aus Stahl, für harte Steine die empfehlenswerteste sein, für weichere Steine aber die ganz von Holz.

4. Das Walzen des Erdbaues und der Steinbahnen.

Das Walzverfahren wird angewendet:

bei Erdwegen, um durch ein Dichten der Erdmassen und ihrer Gemengteile an Steinen eine tragfähige Oberfläche zu erzielen,

bei Steinschlagbahnen, um durch ein Ineinanderschieben und Dichten des Schotters mit sandigen Bindemitteln eine feste, geschlossene und möglichst glatte Oberfläche zu schaffen, welche auch der Zugkraft nur wenige Hindernisse entgegenstellt.

Der Nutzen des Walzens besteht in der Dichtung der Oberfläche, welche den Fahrbahnkörper abschließen und dadurch vor dem Eindringen der Feuchtigkeit bewahren soll. Auf ungewalzte Steinschlagbahnen kann das auf glatten Bahnen zulässige Gewicht nicht geladen werden, wodurch den Fuhrleuten empfindliche Verluste erwachsen, es leidet aber auch ihr Gespann durch übermäßige Anstrengung, es entstehen Geschirr- und Zeitverluste.

Erst in der zweiten Hälfte des 19. Jahrhunderts ist das Walzverfahren auf seinen heutigen Ausbildungsgrad gebracht worden, es befindet sich aber immer noch in dem Zeitraum seiner Entwicklung.

Anfangs baute man nur einfache Walzzylinder von Gußeisen mit einem Durchmesser von 1 m, einer Breite von 0,8 m, bei einem Leergewicht von etwa 2 Tonnen, welche von Pferden gezogen wurden[1]).

1) Eine solche Walze wurde im Jahre 1889 von Julius Wolff & Co. in Heilbronn am Neckar für die Oberförsterei Wadern (Trier) bezogen, sie kann durch Füllung mit Wasser von 1,8 Tonnen Leergewicht auf 2,2 Tonnen gebracht werden, hat eine Drehvorrichtung und kostete etwa 1000 Mark. Es sollten für die Walze zwei Pferde genügen, aber diese mußten auch bei wenig geneigten Wegen zu stark ziehen, wodurch ein sehr bedeutendes Losschlagen des Schotters durch zu starkes Eingreifen der Hufe erfolgte. Auf Wegen von 2% bis 4% genügten 4 Pferde, aber bei Wegen von 6% und 7% mußten 6 Pferde angespannt werden, bei denen das schon beregte Übel, das Losschlagen des Schotters bei den Fahrten bergauf wieder eintrat.

Pferdewalzen von 1,43 m Durchmesser, 1,3 m Breite, 5 Tonnen Gewicht, mit Wasser gefüllt 6,5 Tonnen wurden von Maffei in München gebaut, sie sind für stark geneigte Wege im Walde zu schwer, weil sie dreier Gespanne und mehr bedürfen und die Menge der Pferdehufe — 24 — zu viel verdirbt und die Kosten unverhältnismäßig erhöht.

Als der Dampf die Pferdekraft bei dem Walzgeschäft zu ersetzen begann, hoffte man die Zeit gekommen, in der das wichtige Geschäft des Walzens beim Wegebau im Walde ohne besondere Mühe und Störungen auszuführen sei, aber die Herstellung tadelloser Dampfwalzen forderte immer größere Maschinen, weshalb man schließlich solche mit 20 bis 30 Tonnen Gewicht erbaute.

Für den Waldwegebau ist aber vor dem Gebrauch schwerer Walzen sehr zu warnen.

Solche über 15 Tonnen verbieten sich von selbst, weil ihre Überführung in den Wald bei dem heutigen Zustand der Wege kaum möglich ist, aber auch Walzen von 15 Tonnen sind für die seitherigen Bauten und Durchlässe schon gefährlich und auch bei den Neubauten würde die Rücksichtnahme auf ein solches Gewicht zu größeren Aufwendungen bei einfachen Bauten führen.

Nach dem Preuß. Gesetz vom 20. Juni 1887, G. S. S. 301, muß bei dem Befahren der Kunststraßen für unteilbare Ladungsgewichte von mehr als 7,5 Tonnen besondere Genehmigung der Straßenverwaltung erteilt werden.

Für volle Steinschlagbahnen im Walde genügen Walzen mit Leergewichten von 3 bis 5 Tonnen, aber ihre Herstellung als Dampfwalzen mit 4 Walzzylinder wird augenblicklich noch für schwierig gehalten, daher sind nur solche mit etwa 9 Tonnen Leergewicht zu haben.

Daß schwere Walzen das Dichten und Schaffen einer ziemlich glatten Oberfläche rascher und gründlicher herbeiführen, ist leicht erklärlich. Solchem Druck muß alles weichen, oder es wird zerbröckelt. An verkehrsreichen Straßen in der Nähe von Städten kann man beobachten, daß solche glatt gewalzten Straßen nach anhaltendem Regen auch sofort Kot bilden. Diese Beobachtung ist auch schon an anderen Orten gemacht worden, man scheint auch von den schweren Walzen wieder abzukommen.

Der Mangel an genügendem und gutem Sand hat allerdings die Leistung der Walze sehr beeinträchtigt, wir mußten daher länger walzen und einzelne Wege nach längerem Gebrauch zum zweitenmal. Trotz alledem ist diese Walze ein wichtiges Werkzeug und namentlich auch bei Ausbesserungen nicht zu entbehren.

Im Walde will man gerade ein Zerbröckeln des Kleinschlages vermeiden, man will mit Hilfe einer guten Sandschichte nur ein Dichten der oberen Schichte bezwecken und will den Schotter vor einem Zerbröckeln bewahren.

Bevor eine volle Steinschlagbahn gewalzt werden soll, sind auf die Fußwege (0,5 m vom Rand der Steinbahn entfernt) Schotter und Sand in Vorrat aufzubringen, der Schotter zum Auffüllen während des Walzens entstehender Unebenheiten, der Sand, um die Oberfläche der Fahrbahn zu dichten und auch die Hohlräume noch auszufüllen.

Man bedarf für das Längemeter Steinbahn: 0,07 cbm bis 0,12 cbm Kleinschlag in Würfelgröße von etwa 4 cm und 0,18 cbm bis 0,25 cbm Sand oder feinkörnigem Kies.

Zuerst wird ein Teil des Sandes — etwa 1/3 — auf die Fahrbahn gebracht, daß die Schotterdecke noch zu erkennen ist.

Bei der ersten Fahrt muß die Walze etwa 0,5 m von der anstoßenden Fußbahnbreite mitwalzen, bei der Rückkehr dieselbe Spur einhalten und dann auf der anderen Seite in gleicher Weise verfahren, damit beiderseits einem Ausweichen des Steinbahnkörpers vorgebeugt wird. Im Walde ist dieses streng zu befolgen, weil die Steinbahn kein anderes Widerlager hat, als die beiden Fußbahnen.

Von beiden Seiten wird nun das Walzen in der Weise bis zur Mitte fortgesetzt, daß bei jeder neuen Fahrt ein Teil der vorhergehend gewalzten Fläche noch einmal mitgegriffen wird, aber auch jetzt auf dem Rückweg wird dieselbe Spur wieder eingehalten. Zuletzt wird genau über die Mitte der Fläche hin und hergefahren.

Die genügende Zahl von Arbeitern mußte schon zur Stelle sein, welche die Wirkung der Walze unausgesetzt zu beobachten und jede sich während des Walzens ergebende Unebenheit mit dem in Bereitschaft liegenden Kleinschlag auszuebnen hatte.

Nach diesem ersten doppelten Walzengange wird die Steinbahn mit dem zweiten Dritteil des zur Hand liegenden Sandes überdeckt, dann mit dem gefüllten Wasserfasse die Bahn überfahren, wobei darauf zu achten ist, daß zwar der Sand möglichst eingeschlämmt wird, aber auch dafür gesorgt werden muß, daß nicht so viel Wasser aufgebracht wird, daß ein Aufweichen des Erdbettes unter der Steinbahn entstehen kann.

Die Walze geht nun von neuem über den Steinbahnkörper; der leitende Beamte und die Arbeiter folgen ihr und beobachten fortgesetzt, wo noch Schotter oder Sand erforderlich wird, und dies geschieht so lange, bis die richtige Form und die erwünschte Oberfläche der Steinbahn geschaffen ist.

Wo guter Sand leicht zu haben ist, soll man daran nicht sparen, auch nach dem Walzen zeitweise die Bahn damit überdecken. Zum Füllen und Decken beim Walzen ist reiner Sand und feiner Kies am besten, wo dieselben gar nicht zu haben sind wie z. B. im Hunsrück und vielfach im rheinischen Schiefergebirge, oder wo die Beschaffung unverhältnismäßig hohe Kosten verursachen würde, da muß man sich mit sandiger, feingrandiger und kiesiger Erde behelfen. Lehmige oder tonhaltige Erden, Moorboden und torfartige Stoffe darf man nicht dazu verwenden.

Bei trockenem Wetter geht alle Arbeit, auch das Walzen am besten von statten, leichter Regen schadet zwar nicht viel, Steine und Sand sind im feuchten Zustand gefügiger, aber nach lang anhaltenden Regengüssen soll man nicht sofort walzen, weil die Erdbettung aufgeweicht ist.

Aufgeschüttete Wege soll man sowohl für das Auflegen von Steinbahnen, als auch für das Walzen sich erst gehörig setzen lassen, namentlich beim Walzgeschäft erkennt man erst den hohen Wert genügend breiter Fußbahnen.

Nur die Selbstbeschaffung von Pferdewalzen mit einem Leergewicht von 2,5 bis 3 Tonnen, die von 4 Pferden gezogen werden können, empfiehlt sich für die Forstverwaltung. Mit diesen sind namentlich auch Erdwege und die stark mit Steinen gemengten Wege, für welche gar keine besonderen Steinbahnen vorgesehen sind, zu walzen, auch alle Steinbahnen mit geringer Neigung.

Den Betrieb mit Dampfwalzen überläßt man am besten besonderen Unternehmern, wie es sich vielfach schon ausgebildet hat. Man muß aber nachhaltig darauf bestehen, daß für die Forstverwaltung leichtere Walzen zu beschaffen sind.

Für die ausführenden Beamten ist es geradezu geboten, dem Walzgeschäft persönlich beizuwohnen, weil die beste Steinbahn durch falsche Behandlung beim Walzen erheblich geschädigt werden kann und namentlich, weil noch Erfahrungen nach jeder Seite hin, auch mit den verschiedenen Walzgewichten zu sammeln sind.

Außerdem ist zu beachten, daß die heutigen Walzenführer meistens junge Leute sind, die nur die Dampfmaschinen behandeln können, sonst aber keine oder nur geringe Erfahrung für das Walzgeschäft selbst gerade im Walde besitzen. Bei den Unternehmern, die gewöhnlich 9 bis 10 Dampfwalzen im Gebrauch haben, wechseln die Leute zu oft.

Das Walzgeschäft dauert von April bis Oktober, die Kosten werden gewöhnlich für die Stunde Walzzeit berechnet. Hier kostet die Stunde 4,85 Mark und die Fahrt der Walze an Ort und Stelle für das km 1 Mark.

Nach unseren Erfahrungen in Wadern dürfte die Wolffsche Pferdewalze einen Walzzylinder, anstatt 1 m etwa 1,10 m bis 1,20 m Höhe, eine geringere Breite, statt 0,8 m etwa 0,7 m und ein Leergewicht von 2,5 Tonnen bis höchstens 3 Tonnen haben.

Als Zugkraft reichten dann 4 Pferde für alle Wege bis 5 % aus, es könnten dann namentlich viele Wirtschaftswege und kleinere Ausbesserungen damit bearbeitet werden. Die Zinsen und der Abnutzungsbetrag für die Beschaffung einer solchen Walze würden reichlich durch die Ersparungen an Unterhaltungskosten wieder eingebracht werden.

Ganz ohne eine Pferdewalze werden die Wege eines Reviers nicht so imstande gehalten werden können, wie es sich gebührt.

In größeren Waldungen könnte auch eine solche Walze für mehrere Oberförstereien ausreichen.

5. Die Entwässerungsanlagen, Durchlässe und einfachen Überfahrten.

Wenn Wege über quelliges Gelände oder über feuchte Stellen geführt werden müssen oder wenn eine Quelle auf diesen Flächen ihren Austritt sucht, können oft seitliche Gräben das Wasser nicht vollständig entziehen. Hier müssen vor der Ausformung des Wegkörpers ausgiebige Entwässerungen vorgenommen werden.

Sind die beiden Wegformen I und II, welche mit beiderseitigen Gräben ausgebaut werden, über feuchte oder quellige Stellen zu leiten, dann vollzieht sich die Trockenlegung der Wegkörper am wirksamsten, indem Sickerdohlen so tief als möglich, also den Grabensohlen gleich, gelegt werden. Auf der Seite, wohin das Wasser weiter geführt werden soll, ist aber zur Erzielung des erwünschten Gefälles der Weggraben tiefer zu legen als der anderseitige. Sind z. B. für einen Weg 6 m Breite' und zwei 1,5 m breite Gräben mit 4/4 Böschung vorgesehen, dann erübrigt nur, den Graben, welcher tiefer gelegt werden soll mit

1,7 m Breite = 0,70 m Tiefe (Tabelle 2), den anderen:
1,3 „ „ = 0,52 „ „ ausheben zu lassen,
dann wird ein Sohlenhöhen-Unterschied von (0,70 — 0,52) 0,18 m ohne Kürzung des erforderlichen Baustoffes erzielt. Die Länge einer Sickerdohle im Wegkörper von Mitte zu Mitte der Grabensohlen beträgt 7,5 m, zur Erreichung eines Gefälles von etwa 2 % ist ein Höhenunterschied der beiden Grabensohlen von (7,5 . 2 %) 0,15 m nötig, welcher durch diese Verschiebung der Gräbenbreiten in dem Unterschied von 0,18 m reichlich erbracht wird.

Die Verbindungslinie dieser neuen Grabensohlen ist also die Dohlensohle, sie muß aber zwischen den beiden Grabenmitten in der Stärke der zur Unterlage gebrauchten Steine vertieft werden.

In das ausgehobene Bett einer Sickerdohle wird die gleichbreite Unterlage aus recht passend aneinandergefügten Steinen gebildet, die einer Pflaster- oder Plattendecke gleichen muß. Die zweite Schichte besteht aus zwei lagerhaften Steinen zu beiden Seiten der Unterlage, welche einen Zwischenraum von etwa 10—15 cm lassen, und die dritte Lage ist der größere Deckelstein, dessen Länge der Breite des Dohlenbettes nahezu entsprechen muß und der die kanalartige Bildung der Anlage herstellt.

Ob zwei solcher Kanälchen nebeneinander oder übereinander zu bauen sind, hängt von den örtlichen Verhältnissen ab, ob sie auch noch von sonstigen Steinmassen umkleidet werden sollen, von den vorhandenen Steinmengen; auch ein Netz derselben kann erforderlich sein.

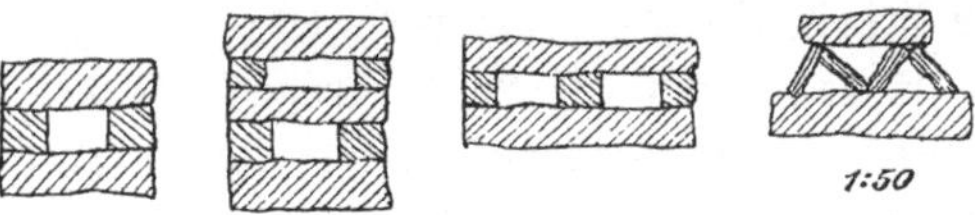

Fig. 10.

Stehen plattenartige Steine zur Verfügung, dann läßt sich auch eine kanalartige Formung von Sickerdohlen in der Weise ausführen, daß auf eine gleiche Unterlage je zwei Steine dachartig nebeneinander gestellt werden und auch noch eine Überdachung der zweiten Steinschicht vorgenommen wird.

Vor dem Übererden der Steinreihen kann man durch eine Lage von Moos oder Laub das Eindringen von Erde verhüten. Holz oder Reisigwellen zu derartigen Ableitungen zu verwenden, soll man aber unterlassen, weil sich nach der Vermoderung dieser Stoffe die Wegoberfläche verändern kann und wird.

Eine einzelne Quelle, welche in einer Wegfläche liegt, läßt sich durch Einfassung im gewachsenen Boden mit besonders hierzu ausgesuchten festen Steinplatten abschließen, diese müssen gehörig vertieft und mit einem größeren Deckelstein belegt werden, der das Eindringen von Erde verhüten soll. Die Ableitung geschieht durch einen an diese Fassung anschließenden einfachen, aus lagerhaften festen Steinen ohne Bindemittel geformten, im Lichten 0,15 m bis 0,20 m breiten und etwa halb so hohen Abzug, wie er bereits beschrieben wurde.

Allen diesen Ableitungen von Wasser, wenn sie aus den Wegflächen heraustreten, muß ihr Weiterlauf besonders zum Heile des Waldes vorgeschrieben werden. Quellen, die oberhalb der Wegfläche in geneigtem Gelände hervortreten, werden bei den Durchlässen behandelt.

Wege, welche Rinnsale, ständige oder auch mit zeitweiliger Unterbrechung fließende Wasserläufe, überschreiten, müssen mit Durchlässen versehen werden, die möglichst senkrecht zur Wegachse anzulegen sind. Die dauerhaftesten Durchlässe werden von lagerhaften festen Steinen gebaut; wo aber die Durchlaßflächen von 0,12 qm und darunter vollständig ausreichen, da ist den Zementröhren der Vorzug einzuräumen, weil sie sich bei den runden Öffnungen weniger leicht verstopfen und, wenn es nicht von selbst geschehen sollte, besser reinigen lassen.

Unter 0,4 qm im Lichten soll man Steindurchlässe nicht wählen; man muß ihnen je nach der Höhe der Wege an den betreffenden Stellen und der Stärke der Wasserläufe die verschiedensten Formen geben, am vorteilhaftesten ist es, wenn die Höhe größer als die Breite gewählt werden kann, weil die Deckelsteine vielfach schwer zu beschaffen sind. Man geht nicht gern über eine lichte Breite von 0,6 m bis 0,7 m hinaus, weil für diese Weite schon Deckelsteine von mindestens 1 m Länge erforderlich sind. Diese müssen je nach der Druckfestigkeit der Steine schon die Stärke von 0,20 m bis 0,30 m haben und mindestens 0,4 m hoch überdeckt werden können, wenn sie dem Gewicht einer schweren Walze widerstehen sollen.

Die Querschnittsfläche der Wasserläufe muß nach dem höchsten bekannten Stand des Wassers bestimmt werden, sie wird an einer günstigen Ausformung derselben gemessen, und der berechneten Fläche für außergewöhnliche Ereignisse mindestens 30%, in stark geneigten Lagen 50% zugesetzt. (Fig. 11.)

Wenn irgend ausführbar, legt man bei einem ständigen Wasserlauf den Durchlaß nicht auf die alte ausgewaschene Fläche, sondern an die passendste Stelle neben dem alten Lauf und zwar so, daß während der Bauzeit das Wasser auf die andere Seite des Wasserlaufes geleitet werden kann. Zur Sommerzeit, wenn diese Arbeiten zweckmäßig ausgeführt werden, ist das gewöhnlich unschwer zu bewerkstelligen.

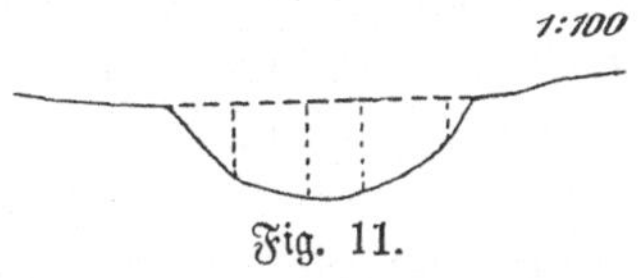

Fig. 11.

Die gewählte Stelle wird nach den vorher ermittelten Maßen des Durchlasses ausgegraben bis eine sichere Grundlage erreicht ist; mit dem Aushub kann schon das seitliche alte ausgewaschene Bett ausgefüllt werden. Fehlenden Stoff werden die noch zu erörternden Sicherungsgruben liefern.

Auf diesen Sohlen werden dann die beiden Grundmauern begonnen, und gleichzeitig wird in der Höhe, in welcher der Wasserlauf beginnen soll, mit ausgesuchten Steinen zwischen diesen Mauern die Grundfläche des Wasserlaufes ausgepflastert, oder wenn gute Steinplatten zur Verfügung stehen, mit diesen belegt.

Dem Unterwaschen des Sohlenbelages muß durch gute Ausführung und Verkeilung zwischen den Mauern vorgebeugt werden. Die beiden Seitenmauern werden dann auf ihre Höhe fertig gestellt und zuletzt mit den Deckelsteinen belegt; diese müssen beiderseits genügend weit über die Mauern reichen und nicht unter 15 cm bis 20 cm aufliegen.

Die Stärke der Mauern richtet sich nach der Höhe des Durchlasses, ebenso, ob diese mit Böschungsflügeln zu versehen oder nur senkrecht aufzuführen sind. Bei 0,6 m Höhe müssen die Seitenmauern schon 0,5 m breit sein, bei 1 m und höher muß man ihnen schon 0,6 m bis 0,75 m Breite geben, damit sie auch dem Seitendruck des Wegkörpers widerstehen können. Bei niedrigen Durchlassen genügt trockenes Mauerwerk, nur bei höheren wird es mit Kalkmörtel aufzuführen sein, wenn die Steine nicht sehr fest und lagerhaft sind.

Von den Plattendurchlässen muß abgesehen werden, wo passende Deckelplatten fehlen oder schwer zu beschaffen sind. Die Zementrohre sind überall Handelsgegenstand geworden und ihre Verwendung im Walde in der lichten Weite von 0,20 m bis 0,60 m Durchmesser hat sich vielfach schon eingebürgert.

Bei den Durchlässen mittelst Zementröhren ist es ebenso wichtig, wie bei den Plattendurchlässen, daß ihre Anlage im gewachsenen Boden ausgeführt wird. Die Mundöffnung des Zementrohres muß ebenfalls höher gelegt werden, als die Oberfläche des Wasserlaufes an dieser Stelle. Bei dem Einlegen des Rohres in den gewachsenen Boden muß das Lager vorsichtig, nicht breiter als nötig ausgehoben werden, damit unter dem Rohr der feste Boden verbleibt; man umkleidet es möglichst mit einer Tonlage, damit das Wasser nicht unterspülen kann. Bei geringen Wasserläufen kann der Einlauf mit Rasen verbaut werden, bei größeren ist er vielleicht mit einer Zementvermauerung zu sichern.

Zu diesem Zweck sind auch die Sicherungsgruben oder Einfallstrichter gleichzeitig mit der Anlage der Durchlässe herzurichten. Diese sollen den Durchlaß nach jeder Richtung hin schützen, die schweren Stoffe, wie Steine und Sand, welche das Wasser zuzeiten mit sich führt, sollen sie zum Niederschlag bringen und auch das Wasser beruhigen, damit es möglichst langsam den Durchlaß durchfließt.

Ist z. B. in Tafel 8 die Höhe der Rohr- oder Plattendurchlaßsohle in — a — festgelegt, dann wird (Zeichnung I) in möglichst gerader Linie mit der Rohrlage von dem Punkt a aus in dem steigenden Gelände eine Strecke von 2 m, von a bis b in der Breite der Rohr- oder Durchlaßöffnung mit 10 % Fall ausgeformt, hierauf von dem Punkt b 1,5 m, von b bis c in Fortsetzung der geraden Linie eine Grube mit 80 % Fall ausgehoben und weiter gehend 0,5 m von c bis d, mit 10 % Fall die Grundfläche der Grube hergestellt. Von hier aus wird zuletzt mit 70 % oder 60 % Steigung die Oberfläche wieder zu erreichen gesucht.

Die Aufrißzeichnung I stellt einen Einfallstrichter mit gleichen Maßen für ein Gelände von 10 % und eines von 15 % Neigung dar. Auf gleiche Weise können Aufrisse für die verschiedensten Maße und Geländeneigungen hergestellt werden.

Der ausführende Beamte oder Vorarbeiter braucht bei der örtlichen Ausführung nur viermal seinen Gefällmesser aufzustellen; bei a läßt er 2 m mit 10 % Fall ausformen, bei b 1,5 m mit 80 % Fall, bei c 0,5 m mit 10 % Fall. und bei d mit 70 % oder 60 % Steigung wird er die Oberfläche — bei e und e′ -- wieder erreichen.

Die Ausführung geschieht zweckmäßig, wenn er von a aus in Form eines etwa 0,5 m breiten Grabens den Aushub vollziehen läßt. Die Ausrundung nach allen Seiten ist ungefähr in den Zeichnungen II und III angedeutet, sie muß mit haltbaren Böschungen geschehen, im übrigen

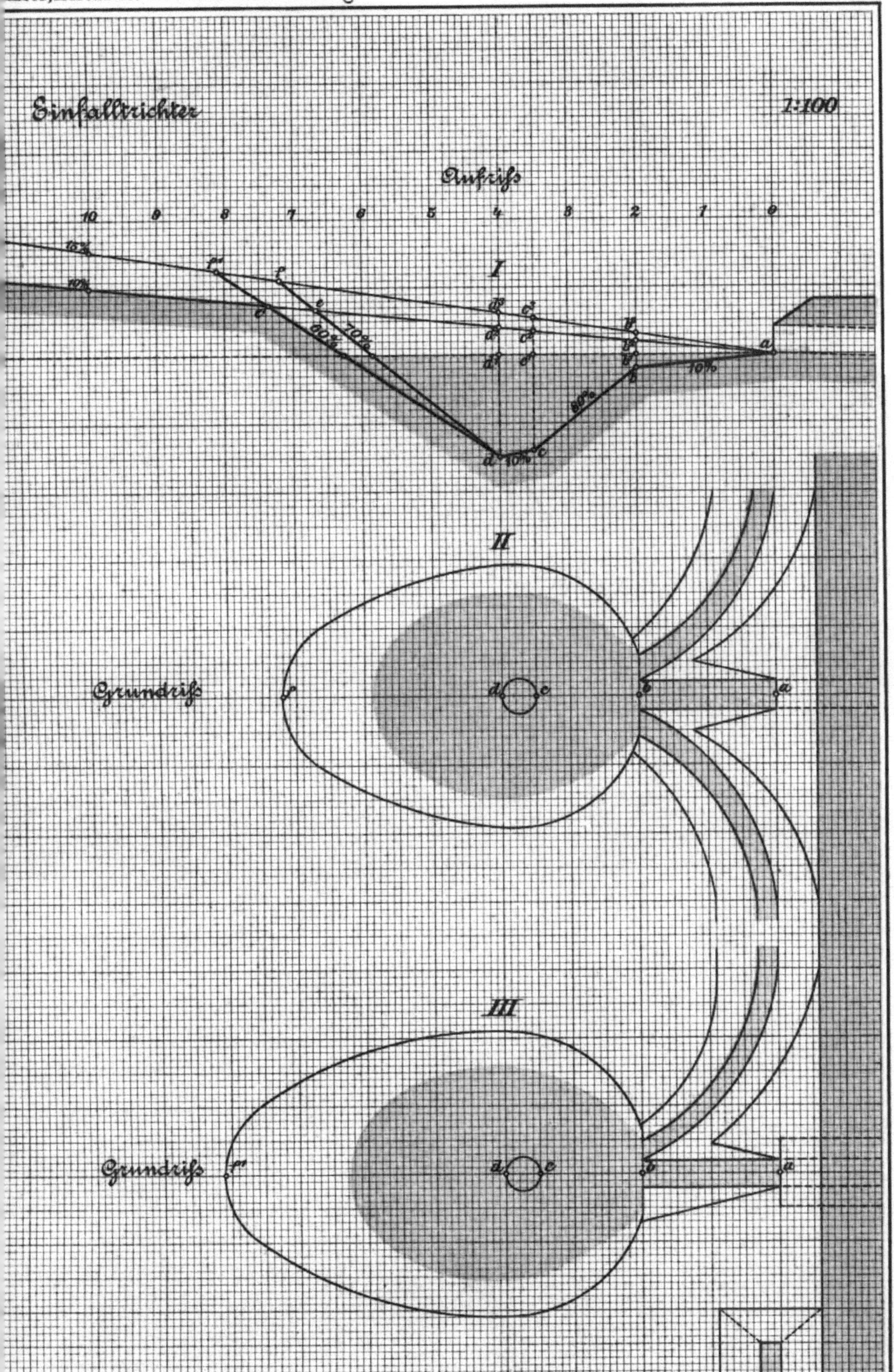

Verlag von Julius Springer in Berlin.
Geogr.-lith. Anst. u. Steindr. v. C. L. Keller in Berlin.

kann sie in der unteren Breite den örtlichen Verhältnissen angepaßt werden. Für diese Art der Absteckung ist keine Zeichnung nötig, wer sich aber eine Aufrißzeichnung entwirft, kann die Absteckung auch auf der Oberfläche vornehmen.

Wer z. B. für die Grube nach Zeichnung I die Absteckungen im Gelände von 10 % vornehmen will, stellt den Gefällmesser in a mit Steigung von 10 % auf, läßt bei b^2, c^2, d^2, e und e′ Pfähle in gleicher Höhe enschlagen und schreibt auf jeden die Maße des Aushubs, bei b^2, 04 m — bei c^2, 1,75 m — bei d^2, 1,85 — von d aus erreicht er bei e die Oberfläche 6,7 m von a bei 70 % Steigung; bei 60 % erst bei e′, 7,4 m von a.

Bei 15 % Geländeneigung sind die Maße von a aus bei: b^3, 0,5 m — bei c^3, 1,92 m — bei d^3, 2,10 m — von d aus erreicht er mit 70 % Steigung die Oberfläche bei f mit 7,2 m von a, mit 60 % Steigung bei f′ mit 8,1 m von a. Beim senkrechten Abteufen dieser Maße erreicht er die gewünschten Punkte.

Je höher die Durchlaßvorrichtungen gelegt werden können, desto tiefer kann man die Sicherungsgruben oder Einfallstrichter ausformen, in denen das Wasser sich beruhigen soll.

Die Erfahrung hat gezeigt, daß Zementrohre, welche das Wasser unbehindert durchfließt, mit der Zeit von Sand und kleinen Steinchen abgeschliffen werden.

Auch der gepflasterte Durchlaß leidet ungleich mehr beim Durchströmen nicht beruhigter Wassermengen. Allen Durchlassen darf nur eine geringe Neigung, nur ausnahmsweise über 1 %, gegeben werden; wenn dadurch ihr Ausfluß zuweilen etwas hoch zu liegen kommt, muß man durch Verbauen mit starken Steinen oder Platten ein Auskolken zu verhindern suchen.

Die Zementrohre müssen mit ihrer Mündung immer in die Grabenmitte gelegt werden.

Bei Wegen IV. und V. Form, welche auf der Bergseite mit Wasser fortführenden Gräben versehen werden, die in der Regel die halben oder doch geringere Maße derjenigen Gräben erhalten, welche nicht zum Fortführen des Wassers bestimmt sind, muß stets ein Einfallstrichter geschaffen werden, dessen Ausdehnung sich nach dem örtlichen Raume zu richten hat. (Fig. 12.)

Bauwerke, wie Brücken, sei es mit Eisenaufbau oder durch Steinwölbung, soll man einem Forstbeamten nicht zumuten, weil er die Verantwortung über richtige Ausführung nicht übernehmen kann!

Mit einer guten Beschreibung und noch so genauen Zeichnung solcher Bauwerke ist es nicht getan. Schon zu den Vorarbeiten, der Untersuchung des Baugrundes, der Auswahl der Baustoffe usw. gehören baufachliche Kenntnisse.

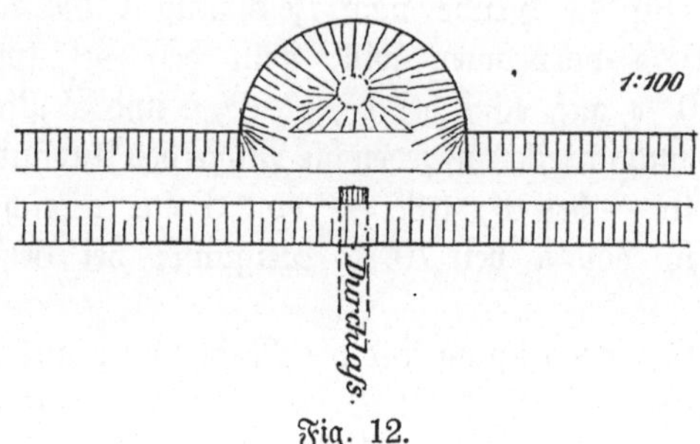

Fig. 12.

In jeder Verwaltung sind heutzutage Baubeamte mit voller Ausbildung und auch auf Baugewerkschulen ausgebildete Bauunternehmer, welche zu solchen Ausführungen berufen sind.

Es sollen hier nur noch einfache Überfahrten über kleine Waldbäche, welche unter meiner Leitung an der Hand tüchtiger Maurer hergestellt worden sind, vorgeführt werden.

Die Zeichnung auf Tafel 9 stellt den Grundriß im Maßstab 1 : 100 dar.

Bei diesen Bächen[1]) ist als höchster Wasserstand eine Querschnittsfläche von 1,5 qm festgestellt worden. Die beiden Seitenmauern haben eine Durchlaßweite von 3 m und eine Höhe über der Bachsohle von 1,5 m, so daß eine dreimal stärkere Wassermasse als die höchst ermittelte ihren Durchgang finden kann.

Für die Seitenmauern fand man 0,5 m unter der Bachsohle eine feste sichere Grundlage. Sie sind 2 m hoch, 1,2 m breit und 5,5 m lang ausgeführt und mit noch vier Seitenflügel von je 2 m Länge versehen, welche aber bis auf 0,6 m Breite auf ihren Enden verjüngt worden sind.

Die Grundmauern wurden mit schweren, lagerhaften Grauwackesteinen bei leichter Moosfütterung trocken 0,5 m hoch aufgeführt. Bis zu dieser Höhe wurde gleichzeitig das Pflaster für die Bachsohle in der

1) Die Überfahrten sind in der Oberförsterei Dhronecken über den Hohltriefbach, dem Anfang der kleinen Dhron im Moselgebiet, in der Oberförsterei Kempfeld über den Fischbach im Gebiet der Nahe hergestellt worden.

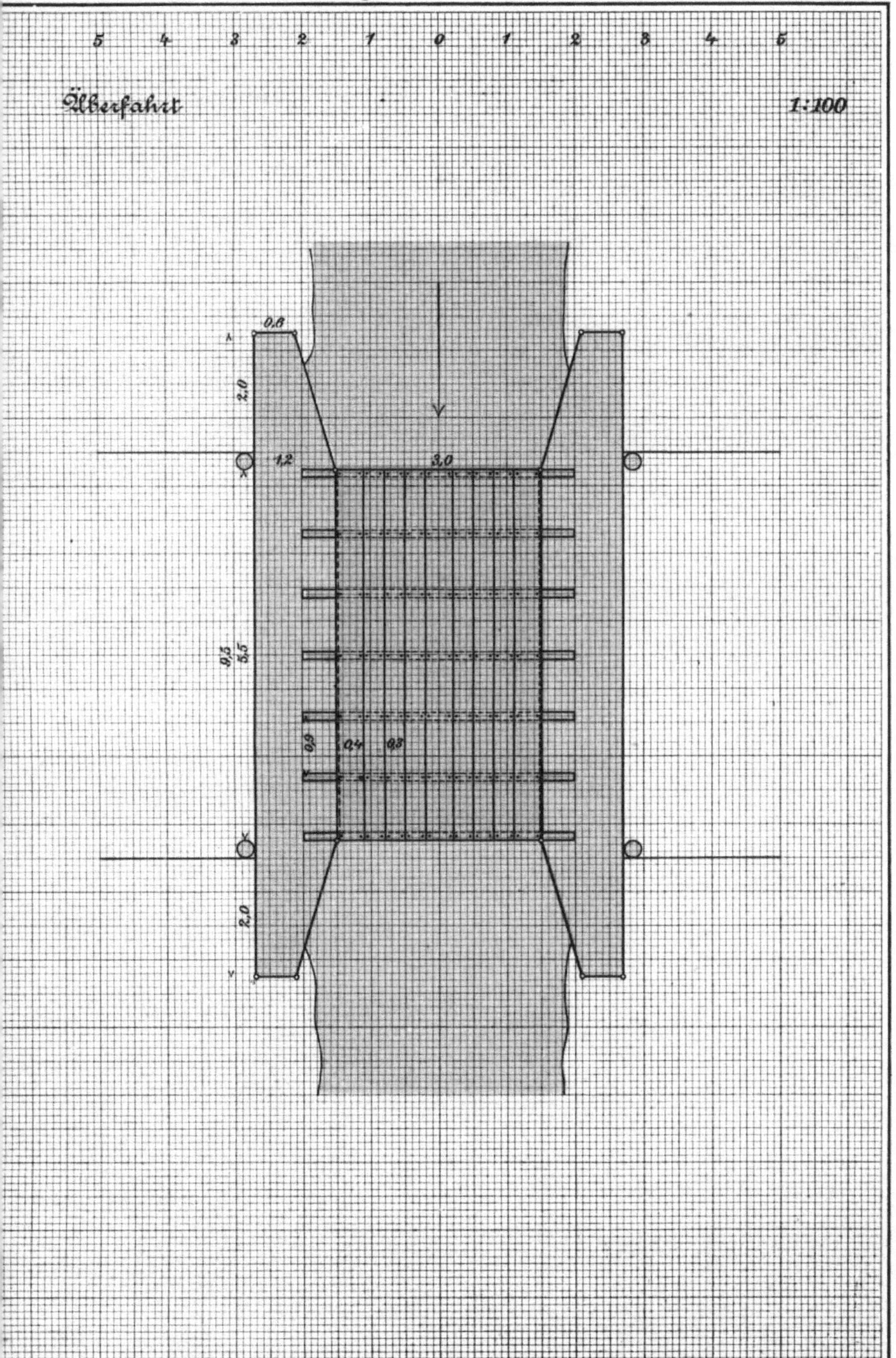

Verlag von Julius Springer in Berlin.

Geogr.-lith. Anst. u. Steindr. v. C. L. Keller in Berlin.

Weise fertiggestellt, daß die Pflastersteine als Rollgestück zwischen die Mauern festgekeilt worden sind.

Bei starker Strömung wird es sich empfehlen, oberhalb und unterhalb der Seitenmauern das Pflaster fortzusetzen und es gegebenenfalls durch Rahmen von Eichenholz einzufassen, damit ein Unterwaschen verhütet wird.

Die Seitenmauern über der Bachsohle wurden mit guten Steinen bei Verwendung von Mörtel aus Wasserkalk fortgesetzt und der obere Teil mit Platten abgedeckt. Wo Werksteine leicht zu beschaffen sind, ist ihnen zum Abdecken der Vorzug zu geben.

Auf die beiden 5,5 m langen mittleren Seitenmauern wurden 7 Stück eiserne T-Träger, je 4 m lang, 0,15 m hoch und 65 kg schwer, mit einem Abstand von Mitte zu Mitte der Träger von 0,9 m aufgelegt. Sie liegen beiderseits 0,5 m auf den Mauern. Zuletzt wurden die Träger mit 5,5 m langen, 9 cm dicken und 30 cm breiten Buchenbohlen belegt, welche mit Schrauben und Plättchen an die Träger befestigt sind.

Auf die vier Ecken der Überfahrt sind passende Steine als Abweiser für unvorsichtige Fuhrleute eingesetzt. Die gleichmäßige Verbindung beiderseits mit den Wegen wurde durch Schotterausfüllung bewerkstelligt.

Die Buchenbohlen von 30 cm Breite wiegen lufttrocken 105 kg, von 40 cm Breite 142 kg, die von 50 cm 175 kg; die schmaleren wurden gewählt, weil sie handlicher sind. Sie sind in dem Säge-Imprägnier- und Hobelwerk von A. v. Hammerstein in Abentheuer bei Birkenfeld a. d. Nahe mit Zinkchlorid und gereinigtem Kreosotöl imprägniert und sollen der Abnutzung länger als eichene Bohlen widerstehen.

VI. Abschnitt.

Die Härtung und Fertigstellung der Wege des Gebirgs.

1. Der Wegform III.

Die zur Wegform III zählenden Einteilungswege mit einer Neigung von 0 % bis höchstens 4 %, welche in dem Grade mit festem Gestein gemengt sind, daß sie besondere Steinbahnen entbehren können, baut man, wo sie einstweilig nur etwa 3,5 m oder 4 m breit hergestellt worden sind, baldigst in voller Breite — 6 m — aus.

Es sind die billigsten Wege! Sobald eine hier und da auf einzelnen Stellen noch fehlende Härtung stattgefunden hat, ist die fernere Unterhaltung die geringste. Es wird aber im Gebirge selten vorkommen, daß eine größere Weglänge dieser Art nicht noch eines weitergehenden Ausbaues einzelner nicht genügend haltbarer Strecken bedarf, welche aber auch noch zur Neuanlage zu rechnen sind.

Bei dem Erdausbau dieser Wegform ist schon darauf aufmerksam gemacht worden, daß das größte Gewicht auf die richtige Verteilung der unterschiedlichen Abtragsmassen zu legen ist.

Fehlen vielleicht noch zur Herstellung der vollen Breite etwa 2 m, dann sind von dem noch abzutragenden Körper gerade die besten steinigen Massen so viel als tunlich auszuscheiden und besonders auf die künftige Fahrbahn zu bringen, und wenn sich ein Überschuß dabei ergibt, ist dieser bis auf weiteres auf Haufen in Vorrat auf fertige Wegflächen aufzusetzen.

Weil diese Wege ohne obere bergseitige Gräben auszubauen sind, wird die Fahrbahn auf die Bergseite gerückt, etwa 0,5 m von der Weggrenze und dem Beginn der oberen Böschung.

Stößt man bei dem fortschreitenden Abtrag auf Gänge von festem Steingerölle oder doch auf sehr steinreiche Strecken, dann läßt man diese einstweilen sitzen, bis der übrige Bau weitergeführt ist.

Trifft man vielleicht auf Teile mit vorwiegend erdigen Massen, dann formt man auf diesen Stellen 3,5 m breite, 20 bis 25 cm tiefe, gegebenenfalls noch tiefere Steinbette auf der Fahrbahn aus und benutzt zur Füllung die aufgespeicherten oder sonst zu gewinnenden Steine. Die ausgehobene Erde ersetzt dann an den Orten, wo Steine in Vorrat gebracht worden sind, die fehlenden Massen zu der unteren Böschung.

Größere Zwischenstellen, welche ganz aus erdigen Mengen bestehen, belegt man gleich mit einer einfachen Steinschlagbahn und kann vielleicht die stehengelassenen Steingänge oder sonstige Steinvorräte dazu verwenden.

Der Förster muß überhaupt auf die Entdeckung guter Steinmassen sein Augenmerk richten und an Orten, wo ein Überfluß an Steinen ist, diese nicht verschwenderisch verbrauchen lassen, sie vielmehr für steinarme Orte aufsparen.

Die untere Fußbahn dieser Wege bekommt eine Breite von 2 m; auf den 0,5 m breiten unteren Rand sind bei dem Ausbau stets Steine in Vorrat aufzubringen, um in der ersten Zeit des Gebrauchs entstehende Stellen, welche sich stark setzen, ausgleichen zu können und um auch solche beim Walzen zur Hand zu haben. Außerdem halten sie das Fuhrwerk von dem unteren Rande fern.

Die obere bergseitige Böschung läßt man so steil als möglich — bis sie haltbar ist — stehen, teils um unnötigen Abtrag zu ersparen, besonders aber der Feuchtigkeitserhaltung der oberliegenden Fläche wegen. Immerhin werden in der ersten Zeit in steinreichem Gelände sich noch Steine loslösen, die auch auf dem untersten halben Meter aufzuspeichern sind; es bleibt dann noch eine 1,5 m breite Fläche unterhalb der Fahrbahn zum Aufsetzen des Holzes übrig.

Diese Wege haben auch zuweilen Wasserläufe zu überschreiten. An solchen Punkten ist der Hang gewöhnlich nicht so steil, daß nicht ein Durchlaß von Zement, bei stärkeren ein Steindurchlaß mit Einfallstrichter, wie er im Gebirg stets auszuführen ist, angebracht werden kann. Oft haben solche Wasserläufe in ziemlich stark geneigtem Gelände so viel von ihrer nächsten Umgebung ausgewaschen, daß Raum für diese Anlagen genügend vorhanden ist. Wenn die Angrenzung aus Steinmassen besteht, kann man sich gegebenenfalls durch Steingewinnung helfen.

Derartigen Wasserläufen muß man von ihrem Beginn an besondere Aufmerksamkeit widmen und feststellen, ob sie nicht zur Bewässerung trockner Hänge im Gebirge ausgenutzt werden können. Das findige Auge entdeckt schon die Stellen, an welchen eine Ableitung des Wassers oder doch eines Teils desselben im Gelände vorgezeichnet und ohne große Kosten leicht und sicher auszuführen ist.

Im Verlaufe eines Baches Dämme anzulegen, ist deshalb nicht ratsam, weil ein Anschwellen der Bäche diese gefährdet. Eine Ableitung mittelst 20 bis 30 cm breiter Leitungsgräben mit 2 bis 4 % Steigung von der Stelle an, wo die eigentliche Bewässerung beginnen soll, bis an den Rand des Baches, ist vorzuziehen. Hier wird ein Sammelbecken in beliebiger Form ausgehoben und aus diesem werden die Bewässerungsgräben gespeist.

Je nach der Aufnahmefähigkeit des Bodens wird der Prozentsatz der Neigung und ihre Breite und Tiefe bestimmt. Diese Bewässerungsgräbchen hebt man nur streckenweise, etwa 50 bis 100 m, aus, stellt fest, ob der angewendete Prozentsatz richtig ist; verliert sich in diesem Laufe zu viel Wasser, dann muß man stärker fallen lassen, umgekehrt den Prozentsatz ermäßigen.

Den bis an die gewöhnliche Sommerhöhe eines Wasserlaufes zu führenden Ableitungsgraben baut man nicht größer, als man Wasser zu verwenden gedenkt, verstärkt ihn an der Einführungsstelle durch Belegen mit Rasen von denjenigen Wasserpflanzen, welche am Rande des Wasserlaufes wachsen, damit er stärkeren Wassermassen im Frühjahr und Herbst widerstehen kann.

Auf diese Weise kann man einen Wasserlauf dahin bringen, daß er bis zum Tal kaum mehr Wasser führt; aber auch den Flächen zunächst oberhalb der Einteilungswege, welche durch das Einschneiden in die Bergwände an Feuchtigkeit und Frische einbüßen, kann man durch richtige Leitung der Bewässerungen wieder einigermaßen Ersatz zuführen.

Auch Saat- und Pflanzschulen kann man auf diese Art im Sommer zeitweise mit Wasser versehen.

Sind bei einem einstweiligen Ausbau dieser Wege auf etwa $^2/_3$ der Breite durch mangelhafte Streckung oder durch falsche Ausgleichung der Abtragsmassen oder durch sonstige Ursachen Unschönheiten entstanden, dann muß bei dem Ausbau in voller Breite darauf geachtet werden, alle das Auge beleidigenden Stellen soviel als tunlich zu beseitigen.

Auch das Walzen der Wegkrone (bei geringen Neigungen am besten mit der Pferdewalze) hebt die Gebrauchsfähigkeit solcher Wege erheblich und erleichtert besonders ihre Unterhaltung. Bei dem Walzgeschäft muß auch hier mit dem größten Teil der unteren Fußbahn begonnen werden, damit die richtige Neigung erhalten bleibt und auch die Widerlager für die künstlichen Steinbahnstrecken gestärkt werden.

Auf den Wegen von Form III mit über 4% Neigung, welche schon mehr die Aufgabe der „Geraden Abfuhrwege" übernehmen und wegen ihres Mischungsverhältnisses mit festem Gestein eine künstliche Steinbahn entbehren können — vielleicht auch weil sie weniger gebraucht werden —, auf denen aber beladenes Fuhrwerk schon hemmen muß und auf welchen die talseitige Querneigung der Wegkrone den vollständigen Abfluß der Niederschläge nicht mehr voll bewältigen kann, müssen Vorkehrungen für häufige Unterbrechung der Geleisebildung und damit auch zur Ableitung des Wassers getroffen werden.

Eine durchgehende Geleisebildung kann nur verhindert werden, wenn den Rädern der Wagen eine Vorrichtung zur Überschreitung entgegensteht, die letztere gestattet, ohne besondere Hemmung zu verursachen, und welche etwas höher als die Kronenfläche dauernd bestehen bleibt.

Ein Beispiel wird dieses versinnlichen: ein Baumstamm von etwa 5 m Länge und 20 bis 25 cm Durchmesser quer in einem fallenden und auch talseitig etwas geneigten Weg zur Hälfte eingegraben, würde eine solche Vorrichtung abgeben und etwa 10 cm höher liegen als die Kronenfläche, aber diese Vorkehrung wäre bei starkem Gebrauch mit belastetem Fuhrwerk nicht dauernd genug und dadurch zu teuer. Auch würde die starke Rundung beim Überschreiten einen etwas starken Stoß verursachen.

Der Vorrichtungskörper muß einen größeren Durchmesser haben, der den Stoß mildert, und muß durch seine Härte dauerhafter sein, was nur durch Verwendung fester Steine herbeizuführen ist.

Das Vollkommenste wären vielleicht Werksteine von festem Gestein von untenstehender Form.

Wir haben diese der höheren Kosten wegen noch nicht erprobt und uns mit Schwellen oder Würsten (welchen Namen sie ohne unser Zutun erhalten haben) beholfen, die ähnlich wie die Steinschlagkörper ausgeformt quer in den Weg gelegt werden.

Zur Herstellung dieser Schwellen werden quer in die Wege 1 bis 2 m breite Gräben mit senkrechten Wänden etwa 0,3 bis 0,4 m tief in der Lage ausgehoben, daß das Wasser, welches diese Vorrichtungen ableiten sollen, höchstens 3 bis 5% Fall nach der Talseite hat. Die Breite und Tiefe dieser Gräben hängt von der Güte der zur Verwendung kommenden Steine ab. Hierauf werden die Gräben mit ziemlich starken Steinen so dicht als möglich ausgestückt, die Spitzen der Steine nach oben etwas über die Wegkrone reichend und das Gestück mit starkem Schotter auf 10 bis 20% gewölbt und gut mit Sand, oder wo dieser fehlt, mit möglichst steinreichem Aushub aus den Gräben gedichtet. Die Höhen der Schwellen in der Mitte ihrer Wölbung von

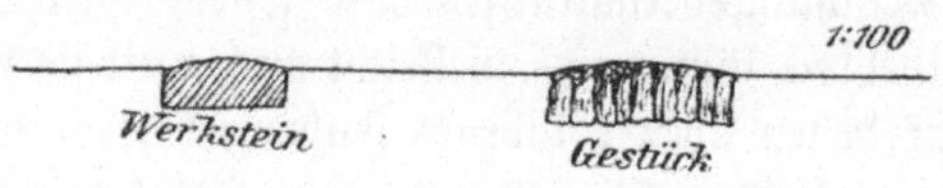

Fig. 13.

— 10%. 1 und 20%. 0,5 — etwa 10 cm über der Wegkrone werden ohne merklichen Stoß von den Wagenrädern überwunden, verhindern eine weitergehende Geleisebildung und veranlassen das Wasser zum seitlichen Abfluß.

Die Entfernung der in einem Wegezug anzubringenden Schwellen hängt von der Stärke seines Falles und von dem Grad der Steinmischung des Wegekörpers ab und schwankt zwischen 40 und 80 m.

Das Wasser, welches bei der Wegform III sich auf der Wegkrone sammelt, stammt nur von den zeitigen Niederschlägen ab, es wird am vorteilhaftesten seitlich der Wege in entsprechend großen Stückgraben (Wasser- oder Sandtaschen) aufgefangen, in denen sich die sandigen Niederschläge sammeln, die in sandarmen Gegenden von Wert für die Unterhaltung der Schwellen und Wege sind.

Daß die Orte der Schwellenanlage sich nach der Möglichkeit der Herrichtung von Wassertaschen richten müssen, bedarf kaum der Erwähnung.

Auch auf dem steinreichsten Boden werden bei steter Benutzung im Laufe der Zeit sich Geleise bilden. Ein Ausgleichen der beiderseitigen Geleise zu gleicher Zeit nur mit Schotter und ohne Deckung, wie man es häufig sieht, ist ein rohes Verfahren, das die rollende Reibung für die Räder außerordentlich steigert, zumal nach einigem Gebrauch ein Teil des Schotters sich auf die Fahrbahn verliert.

Es empfiehlt sich vielmehr, zuerst ein Geleis, das tiefste, gut mit Schotter auszulegen und diesen mit Sand oder Kies oder sandiger Erde, im Notfalle auch mit Rasenstücken zu decken, und wenn es festgefahren, das zweite Geleis ebenso zu behandeln. Die Instandstellung eines Weges wird hierdurch am raschesten vollzogen.

Bei stärkeren Geleisebildungen auf größeren Strecken erweitert und vertieft man gegebenenfalls auch die Geleise, je nach Bedürfnis, um eine feste Widerlage zu beschaffen, füllt sie zuerst mit stärkerem Schotter und zuletzt mit weniger grobem, setzt den aus den Wassertaschen gesammelten Sand zu, stampft die Masse fest und deckt sie mit dem besten zu Gebote stehenden Stoff.

Solche Unterhaltungsarbeiten in steinigen Erdwegen haben nur Wert, wenn man bei dem Ausheben der Geleise dafür sorgt, daß neue Steinfüllungen von guten Gesteinsarten feste seitliche Widerlage haben und vor dem Gebrauch mit guten Deckstoffen versehen und gehörig festgestampft werden.

Bei größeren Strecken wird auch eine nicht zu schwere Walze gute Dienste leisten.

2. Die Wegform IV.

Für die Wegform IV gelten bezüglich der Verteilung der Abtragsmassen genau die bei der Form III besprochenen Regeln. Die Wege werden aber zweckmäßig gleich in voller Breite ausgebaut, weil die Sorge für die Wasserabführung hierzu nötigt. Die auf der Bergseite auszuhebenden Wassergräben sind, wie schon angeführt, möglichst schmal, etwa um die Hälfte der Maße der Weggräben der Ebene auszuführen, sie müssen aber selbstredend den abzuleitenden Wassermengen entsprechen.

Bei Bestimmung der Punkte, wo die streckenweise Ableitung des Wassers durch Zementrohre zu geschehen hat, ist zu beachten, daß die Anlage eines kleinen Einfalltrichters möglich ist und daß auch der Ausfluß so liegt, daß das Wasser in eine anzulegende Sammelgrube fließen und aus dieser nach beiden Seiten zur Befeuchtung trockener Orte fortgeleitet werden kann.

In Mulden und sonstige Rinnen darf es nie geführt werden, weil es da zu rasch und nutzlos abfließt, es muß vielmehr solange als möglich zum Tränken der Waldbodenoberfläche benutzt werden.

Zu diesem Zweck ist bei stärkeren Wassermengen örtlich festzustellen, ob nicht unterhalb der obersten Bewässerungsgräbchen in gewisser Entfernung das abrinnende Wasser nochmals durch Anlage neuer Gräbchen aufgefangen und aufgehalten werden und zu weiterer Befeuchtung neuer Flächen gebraucht werden kann. Je stärker geneigt die Bergwände sind, um so häufiger wird dieser Fall eintreten.

Diese Arbeiten müssen aber gleichzeitig mit dem Ausbau der Wege fertig gestellt werden. Es erscheint diese Forderung vielleicht als eine kleinliche, sie ist aber sehr zu beachten, weil sie den ausführenden Beamten dazu veranlassen wird, die Örtlichkeit, an welcher das Wasser abgeführt werden soll, genauer und vorsichtiger festzustellen. Wie oft habe ich gesehen und auch die Klage gehört: dieses oder jenes Abflußrohr ist falsch gelegt, das Wasser fließt unmittelbar in die Mulde usw. Das kann nur verhütet werden, wenn man jene Fortleitungsarbeiten gleichzeitig in die Kulturpläne aufnimmt und ausführen läßt und dadurch auch die Leiter des Wegebaues für die richtige Ausführung verantwortlich macht.

Wie man durch seitliche Ableitung der Wasserläufe auf die unteren Abteilungsflächen oberhalb tief eingeschnittener Wege des Gebirgs Wasser znführen kann, so wird es sich auch vielfach empfehlen, 20 m bis 30 m, gegebenenfalls auch höher, oberhalb dieser Wege einfache Gräben zum Aufhalten und Eindringen der Jahresniederschläge anzulegen, um Ersatz für die durch den Wegebau entzogene Feuchtigkeit zu schaffen.

Die Frische des Bodens ist eine für die Holzzucht hervorragende Eigenschaft; sie zu regeln, zu erhalten, zu fördern sind wichtige Obliegenheiten des Forstmannes.

Im Gebirge ist die Entziehung des Wassers aus hochbelegenen Quellen nicht zu gestatten. Die Entnahme aus der Tiefe trägt auch zur Senkung des Wasserstandes der höher liegenden Flächen bei. Weil die Forstverwaltung diese nicht immer verhüten kann (Bergbau, Tunnelbau, Wasserleitungen), ist die möglichste Nutzbarmachung der zeitigen Niederschläge eine wichtige Aufgabe, die noch viel zu wenig beachtet wird.

Schon beim Holzanbau durch Anlage stets wagerechter, nach der Bergseite stark geneigter, ziemlich tiefer Streifen für Saat oder Pflanzung, die ohne nur nennenswerte Zeitaufwendung auch mit einem einfachen Gefällmesser abzustecken sind und alle 10 Schritte etwa 30 cm aussetzen müssen, kann das niederfallende Wasser im Gebirge den bedürftigen Flächen erhalten werden.

In verfilzten Flächen, namentlich auch in älteren Fichtenbeständen, sollte man die Filzdecke und die glatte Nadeldecke durch solche wagerechten Streifen 30 bis 40 cm breit zum Eindringen des Wassers vorbereiten und sie in angemessenen Entfernungen wiederholen, damit auch die Rohhumusbildung mindestens verringert würde.

Wenn bei der Wegform IV auch der Prozentsatz 4 überschritten wird, sind ebenfalls die bei der Form III besprochenen Schwellen anzuwenden; im übrigen ist bei den Unterhaltungsarbeiten in gleicher Weise zu verfahren.

Die Schwellenanlage rechnet bei beiden Formen zur Neuanlage.

Sobald im Gebirge mit steinigtem Boden bei Wegen durchgehende obere Seitengräben ausgeführt werden müssen, ist auch die bergseitige Neigung der Form IV anzuwenden, weil andernfalls bei talseitiger Neigung die Wasserabführung doppelt hergestellt werden muß, einmal mit Durchlassen im Wegkörper für das in den Gräben sich sammelnde Wasser, und dann noch für dasjenige, was durch die Schwellen von der Wegkrone abgeleitet und mit besonderen Wassertaschen aufgefangen werden muß.

Das Abweichen von der Regel verursacht unnötige Mehrarbeit und Kosten.

3. Der Steinausbau der Wegform V.

Im Gebirge bei einem reichlich mit festem oder doch ziemlich festem Gestein gemengten Boden können auch „Gerade Abfuhrwege" bei mäßigem Gebrauch, wie bereits ausgeführt worden ist, nach Form III und IV gebaut und mit Schwellen versehen, in vielen Fällen ausreichen, besonders im kleinen Waldbesitz; aber in zusammenhängenden größeren Waldungen und bei ständiger Benutzung oder in wechselnden Bodenverhältnissen werden diese Wege und auch die Hauptwege, welche in der Regel für das Belegen mit Schienen eingerichtet sind, am besten mit künstlichen Steinbahnen versehen.

Ob eine volle Steinschlagbahn gewählt werden muß, oder eine einfache genügen wird, oder ob Pflasterung vorzuziehen ist, muß in jedem einzelnen Falle den örtlichen Verhältnissen angepaßt werden.

Hierzu muß der Erdausbau der Form V mit einem oberen Graben, gegebenenfalls einer Schutzbank, gewählt werden.

Es tritt in diesen Lagen besonders die Frage heran, wohin das Holz aufgestapelt werden soll.

Solchen Wegen kann die regelrechte Breite nur im Gelände bis etwa 40% Neigung gegeben werden. Mit dem Steigen der Geländeneigung wird es immer schwieriger, den Wegen die erwünschte Breite zu geben. Bei Neigungen über 60 % ist es überhaupt fraglich, ob man viel über eine Fahrbahnbreite gehen kann.

Die Wegenetzlegung ist im Hochgebirge nicht schwieriger als im Mittelgebirge!

Meistens sind in ersterem viel mehr Anhaltspunkte vorgezeichnet als im massigen Mittelgebirge.

Der Wege-Ausbau wird aber in allen Gebirgsarten durch zunehmende Steilheit und Zerrissenheit der Geländeausformung erschwert. An manchen Orten wird man gezwungen werden, den Wegen nur die Breite einer einfachen Fahrbahn oder eines Schienenweges mit 0,6 m Spurweite zu geben, und eine etwa 1,5 m breite Fläche nahe an diese zu legen, auf welche das Rücken des Holzes noch möglich wird.

Wenn zum Seilen der Stämme gegriffen werden muß, wird die Verbringung noch kostspieliger.

In allen Fällen, wo in steilen Lagen kein Raum für die Holzaufstapelung auf der Wegkrone bleibt, ist zu versuchen, ob die Anlage von durchgehenden oder auch nur absetzenden Holzablage-Bänken von etwa 1,5 m Breite ausführbar ist.

Diese Anlagen sind etwa 0,6 m bis 1 m höher als die Fahrbahn auszuführen. Die Hauptbedingung ist, daß der Absatz — a b — zwischen Fahrbahn und Holzablageraum aus haltbarem Gestein besteht. Auf Tafel 10 sind die Zeichnungen von 50 % bis 80 %.

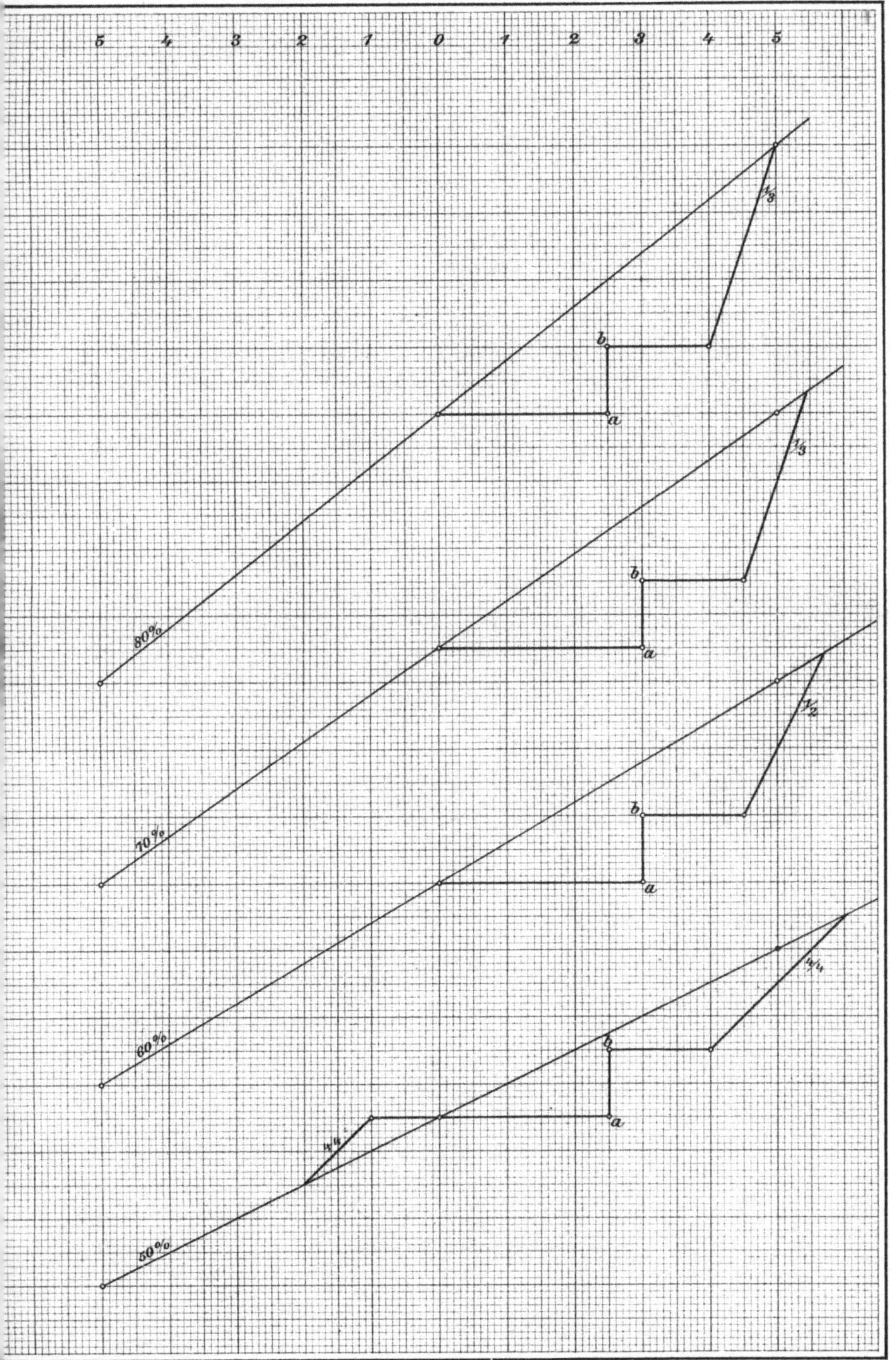

Verlag von Julius Springer in Berlin.
Geogr.-lith. Anst. u. Steindr. v. C. L. Keller in Berlin.

VII. Abschnitt.

Der Ausbau der künstlichen Schneisen[1]).

Die Wegenetzlegung im gebirgigen Waldlande soll sich auf eine eingehende Untersuchung der Bodengestaltung gründen. Wer vorhandene genaue Karten mit Höhenschichtenlinien zu lesen versteht, oder ohne diese Hilfsmittel die Gabe besitzt, im Walde sich leicht zurecht zu finden, und die erforderliche Übung sich erworben hat, wird ein Wegnetz so legen, daß ein zweiter Sachkenner wesentliche Änderungen nicht vornehmen kann.

Es gibt Gebirgsbildungen, in denen die Natur den Lauf der Wege so vorgezeichnet hat, daß ein Jeder, der nur einiges Geschick besitzt und die Regeln für Weganlagen im Walde kennt, das unumstößliche Wegnetz herausfinden muß.

Aus diesem Grunde werden die Waldeinteilungen im Gebirge nur dann von Dauer sein, wenn sie auf ein unabänderliches Wegnetz sich stützen.

Aber auch die Schneisen dürfen nicht auf Willkür beruhen!

Wie diejenigen, welche die Abgrenzung der natürlichen Tal- und Rückenlinien bezeichnen, so werden die künstlichen Schneisen von den Himmelslagen und von den Grenzen der erkennbaren Standorte bestimmt, und nur einzelne sind erforderlich, um zu große Flächen zu teilen, die aber ebenfalls nach feststehenden Regeln zu legen sind.

Der Ausbau und die Erhaltung der künstlichen Schneisen ist ebenso wichtig wie bei den Wegen, sie sind schwieriger imstande zu halten,

1) Siehe: „Wirtschaftliche Einteilung der Forsten" Abschnitt III. 5, S. 53, III. 11, S. 75 — Abschnitt V. 4, S. 128.

weil sie in der Regel in der Lage des größten Gefälles angelegt werden müssen.

Weil sie die Grenzen der Abteilungen mit bilden, ist ihre Lage dauernd zu sichern. Dies geschieht durch die Vermalung derjenigen Seite, welche der herrschenden Windrichtung entgegensteht und die den Waldmantel unmittelbar begrenzt, welch letzterer zur Sturmsicherung der Bestände besonderer Pflege bedarf.

Die Schneisen bedürfen, genau wie die Wege, wegen ihrer Bestimmung zum Aufschichten und Abfahren der Walderzeugnisse, auch wegen ihrer hervorragenden Eigenschaft zum Schutze des Waldes gegen Brandgefahr einer gewissen Breite, auch zu ihrer Erhaltung neben der Vermalung einer sicheren Abgrenzung durch Gräben.

Zuweilen kommt es vor, daß eine Schneise oder Teile derselben an einer oder mehreren Abteilungen entlang, der Lage und Neigung nach zur Durchfahrt tadellos liegt, dann ist sie jedenfalls zum „Geraden Abfuhrweg" bereits bestimmt und scheidet als Schneise aus. Wenn aber bei hohen Bergrücken die seitlichen Abhänge in mehrere übereinandergelagerte Abteilungen durch Einteilungswege zerlegt worden sind, dürfen auch fahrbare Schneisen, welche beiderseits vom Rücken bis in die Täler reichen, nicht zur Durchfahrt — weder geladen noch leer — benutzt werden. Es darf nur das aus einer Abteilung anfallende Holz auf den beiden seitlichen Schneisen zum nächsten Einteilungsweg gebracht werden. In einem großen Forste können nicht alle künstlichen Schneisen so ausgebaut werden, daß sie als ständige Abfuhrwege in Benutzung gegeben werden können.

Schneisen auf tiefgründigem Boden dürfen überhaupt nicht früher befahren werden, bis sie mit einer einfachen Steinschlagbahn oder einer genügenden Kiesdecke belegt sind, andernfalls muß man das Holz an fahrbare Wege rücken lassen.

Wird eine solche Schneise mit belastetem Fuhrwerk befahren, dann wird sie zum Bodenräuber, was unter allen Umständen verhütet werden muß, weil es immer höhere Ausgaben im Gefolge hat, welche man besser gleich zum Rücken des Holzes verwendet und jedenfalls dabei noch Geld erspart.

Weil die Schneisen nur in gewissen Zeitabschnitten zur Abfuhr des Holzes zur Verwendung kommen, genügen zu ihrer Fahrbarmachung im äußersten Falle einfache Steinschlagbahnen. Vielfach kann man aber auch mit einer Überdeckung der Fahrbahn mit Gerölle und Kies auskommen. Man hüte sich aber, mit diesen Maßregeln erst dann zu beginnen, wenn schon ein Teil ihrer ursprünglichen Oberfläche durch Bodenraub entführt ist.

Im Nadelholz — auch im Laubholzwald, in Lagen mit III. Bodengüte und weniger, welche vielleicht später in Nadelholz umgeformt werden — dürften sich Schneisen nicht unter 6 m Breite empfehlen, schon im Hinblick auf die Brandgefahr. Bei mindestens 1,5 m breiten Gräben beiderseits ist das eine holzleere Fläche von 9 m, welche schon in 40 bis 50 Jahren alten Beständen auf 5 m unbeschattete Fläche zurückgeht.

Eine solche Breite ist im Nadelholze auch den unfahrbaren Schneisen zu geben. In ständigem Laubholz könnte man bei nicht fahrbaren Schneisen etwas davon abweichen, wenn man nicht der Gefahr der schmalen Schneisen für Jagden Rechnung tragen will.

Man soll vor diesen Breiten der Wege und Schneisen nicht zurückschrecken! Wären sie mit dem Worte im deutschen Walde vorhanden, dann könnten die mit Holz bestandenen Flächen, entgegen den heutigen Verhältnissen, mit der Menge von alten Wegen und sonstigen unbestockten Flächen um ein gut Teil größer sein.

Die seitlichen Gräben der Schneisen sind schon aus dem Grunde nicht zu entbehren, um Unebenheiten ihrer Oberfläche zu beseitigen, gegebenenfalls sie zu erhöhen und zu wölben und dadurch ihre Trockenlegung und -haltung zu ermöglichen. Sie dürfen auch noch weniger als die Gräben an den geneigten Wegen der Ebene zur Wasserfortführung benutzt werden, sie sind daher auch mit Riegeln in der richtigen Entfernung zu versehen.

Die Gräben längs der Steinlinie sind in der Weise anzulegen, daß ihr Rand mit dieser zusammenfällt, daß also die Gräben stets zur Schneise zu rechnen sind und die Steinlinie durch keine fernere Handlung an der Schneise überschritten wird; man gibt ihnen mindestens eine Böschung von $^5/_4$ — im Sande mehr —, damit der Rand der Steinlinie um so sicherer erhalten bleibt.

Die Breite der Gräben richtet sich nach dem Bedürfnis, die Schneisen zu erhöhen oder nur zu wölben.

Eine 6 m breite Schneise mit unbeschädigter, gleichmäßiger Oberfläche bedarf für 1 m Länge zu einer Wölbung von 8 % = 0,24 m Pfeilhöhe ($^6/_2$. 0,24 . 1) 0,72 cbm Erde. Diese sind zu beschaffen:

durch beiderseitige Gräben mit $^4/_4$ Böschung von 1,25 m Breite = 0,74 cbm

" " " " $^5/_4$ " " 1,35 " " = 0,73 "

(Tabelle 2.)

Soll die Schneise sich nur 10 cm über ihre seitliche Angrenzung erheben, dann sind weitere (6 . 0,1 . 1) 0,60 cbm, im ganzen (0,72 + 0,60) 1,32 cbm Erde zu beschaffen, welche erfolgen:

durch beiderseitige Gräben mit 4/4 Böschung von 1,65 m Breite = 134 cbm
" " " " 5/4 " " 1,8 " " = 130 "
Bei 20 cm Erhöhung würden Gräben mit 4/4 Böschung von 2 m Breite
" " " " " " " 5/4 " " 2,2 " "
erforderlich werden.

An den alten Schneisen im Walde fehlt gewöhnlich ein Teil ihres ursprünglichen Bodens, da wo sie z. B. in Gräben gelegt worden sind, in der Regel am meisten, weil die Gräben ohne Riegel im abhängenden Gelände grade den Bodenraub begünstigt haben; außerdem ist mit dem Grabenaushub vielfach das seitliche Gelände erhöht worden, wodurch sie auch noch zu Schneefängen gestaltet wurden.

Bei Neueinteilungen sind viele derartige Schneisen beseitigt worden, andere mußten aus den verschiedenartigsten Gründen beibehalten werden; sie sind nur durch Erbreiterung der Schneisenfläche und durch seitliche sehr breite Gräben wieder auf ihre ursprüngliche Höhe zu bringen.

Eine gute Instandhaltung der künstlichen Schneisen war bisher in den meisten Waldungen, mangels richtiger Wegnetze, kaum möglich, sie dürfte aber in neu eingerichteten Revieren der Aufmerksamkeit der Beamten ganz besonders zu empfehlen sein.

Vor allem muß den Schneisenflächen eine Wölbung gegeben, und ausgefahrene oder Stellen mit beschädigter Oberfläche müssen mindestens auf die Höhe des seitlichen Geländes gebracht werden, damit die Feuchtigkeit von ihnen abgehalten werden kann. Hierzu ist aber die Anlage von beiderseitigen Gräben unentbehrlich, denn sie ist die einfachste und billigste Art und Weise, die Stoffe zur Erhöhung und Wölbung zu beschaffen. Ohne Wölbung und Gräben mit Riegeln sind die Schneisen nicht trocken zu erhalten. In die mit Riegeln abgegrenzten Gräben dürfen nur die zeitigen Niederschläge abrinnen. Wenn in feuchten Lagen auch seitliches Wasser eindringt, muß es aus dem Graben durch eine am tiefsten Ende angebrachte, 5 cm tiefe Rinne (nicht über den Riegel) nach dem Walde abgeleitet werden. Ist dieses nicht möglich, so muß die Feuchtigkeit durch besondere Leitungen in den Wald abgeführt werden.

Durchziehen Schneisen in ihrem Verlaufe Brücher oder Torflager, dann sind seitlich breitere Gräben auszuheben. Vielleicht genügt auf der Seite der Steinlinie bei 4/4 Böschung 2,5 m Breite mit der entsprechenden Tiefe von 1,1 m, bei 5/4 Böschung 2,5 m Breite mit 0,9 m Tiefe. Auf der gegenüberliegenden Seite sind dann etwas stärkere, etwa 3 m breite Gräben auszuheben. Auch muß nach dieser Seite hin die Fläche der Schneise mindestens um die Vergrößerung der Gräben an der Steinlinie erbreitert werden.

Auf solchen Strecken fallen die Riegel weg, die Gräben müssen bis an das Ende der Bruch- oder Torfstellen durchgehen, und an ihrem Schluß muß ein Durchlaß quer in den Schneisenkörper gelegt werden, welcher das beiderseitige Wasser auf die vorgesehene Stelle abführt.

Je nach der Örtlichkeit sind vielleicht auch mehrere Durchlässe erforderlich, auch ein Teil des Wassers oder alles nach der anderen Seite abzuführen.

Nach der Art und Brauchbarkeit der Aushubstoffe sind sie auf die Schneisenfläche genügend hoch aufzutragen und abzuwarten, bis sie sich gesetzt haben. Der so abgeschlossene Schneisenkörper wird vielleicht für zeitweilige Benutzung tragbar genug, andernfalls kann er auch durch eine Kies- oder einfache Steinschlagbahn verbessert werden.

Die Schneise wird auf diese Weise auf die Länge der Bruchstelle etwas verschoben, was aber der Benutzung keinen Eintrag verursacht.

Bevor eine Schneise ausgebaut werden soll, ist der Zustand ihrer Oberfläche zu untersuchen, ob Stoff zu einer Ausgleichung nötig, in welchem Maße eine Erhöhung erforderlich ist, und nach diesem Ergebnis wird die Breite der auszuführenden Gräben bemessen.

An der Steinlinie ist die Breite der Gräben stets etwas stärker zu wählen, weil sie nicht über diese Linie hinaus erbreitert werden dürfen, schon wegen Schonung des Waldmantels. Alle später etwa erforderlich werdende Erde muß durch Erbreiterung der der Steinlinie gegenüberliegenden Gräben gewonnen werden.

Der Grabenaushub ist auf die Mitte der Schneise zu bringen, zuletzt so nach beiden Seiten zu verteilen, daß die Wölbung sich bildet und die zwei neben den Gräben liegenden Meter Fläche ziemlich frei bleiben.

Bei der Vermalung bleibt oberhalb und unterhalb der Steine genau je 1 m vom gewachsenen Boden sitzen, um den festen Stand der Steine zu sichern, erst dann fangen die sog. Schutzgräben beiderseits an. Die bei der wirtschaftlichen Einteilung schon fertig gestellten kurzen, gewöhnlich 1 m breiten Gräben sind bei dem endgültigen Ausbau der Schneisen auf die vorgesehene Breite der neuen Gräben zu berichtigen.

Wo eine fahrbare Schneise auf den Einteilungsweg mündet, sind die Ecken, welche sie mit diesem bildet, nach der auf Tafel 11 angedeuteten Weise abzurunden. Wenn alles Holz nur nach einer Seite abgefahren wird, genügt eine Abrundung nach dieser hin, ist eine Schneise so schwach geneigt, daß auch die Fahrt nach dem oberen Einteilungsweg möglich ist, dann sind die Ecken, wohin die Abfuhr gehen kann, auch abzurunden.

Im Laubholz wird man gewöhnlich mit einem Krümmungshalbmesser von 15 m, auf die Mitte der Fahrbahn bezogen, auskommen, im Nadelholz aber einen von 20 m anzuwenden genötigt sein; im ersten Falle liegt die Mitte des Halbmessers, der Aufhieb für die Abrundung, bei b, im zweiten bei c. Ein Halbmesser von 25 m — d — wird nur bei langen Nadelholzstämmen erforderlich werden. Bei diesen Maßen ist unterstellt, daß die Weg- und Schneisenbreiten mit 6 m als die allgemein gültigen angenommen werden.

Zeichnung I auf Tafel 11 stellt eine Schneise dar, welche entweder durch seitherige Bodenentführung oder wegen Nässe mit 2 m breiten Gräben ausgebaut werden mußte, Zeichnung II eine solche, bei der 1,5 m breite Gräben genügten.

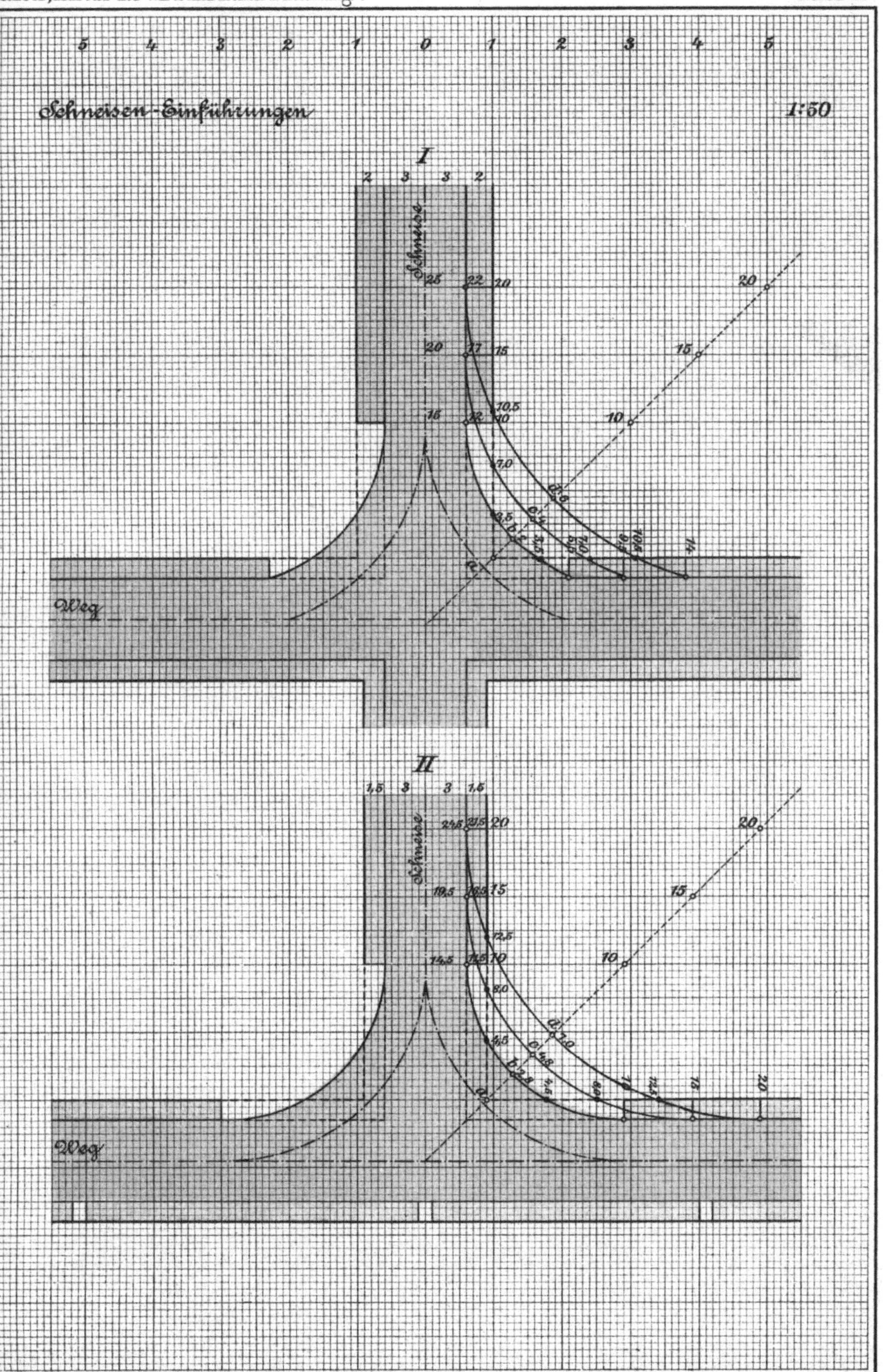

Verlag von Julius Springer in Berlin. Geogr.-lith. Anst. u. Steindr. v. C. L. Keller in Berlin.

VIII. Abschnitt.

Die Unterhaltung und Ausbesserung der Wege.

Die Arbeiten beim Waldwegebau zerfallen naturgemäß in: Anlage (Neubau) und Unterhaltung. Man hat Anlagekosten und Unterhaltungskosten zu unterscheiden.

Im Forsthaushalt wird aber die Bezeichnung „Unterhaltung" vielfach begrifflich mit „Ausbesserung" verwechselt.

Zu den Unterhaltungskosten rechnen nur diejenigen, welche erforderlich sind, regelrecht fertig gestellte Wege fortan in einem vollständig brauchbaren Zustand zu erhalten.

Der stückweise Ausbau — erst $^2/_3$ der regelrechten Breite, nach Jahren der volle Ausbau, zuletzt auch das Auflegen einer Steinbahn — rechnet zusammen zur Neuanlage, aber alle Arbeiten, welche an den unfertigen neuen Bauten durch zwischenzeitlichen Gebrauch nötig wurden, oder auch die Arbeiten an alten nicht zum Netz zählenden Wegen, welche zum einstweiligen Gebrauch immer wieder vorgenommen werden müssen, gehören unter den Abschnitt „Ausbesserungen".

Je eher der stückweise Neubau aufhören kann und je mehr sich die Ausbesserungskosten verringern, desto rascher schreitet der regelrechte Ausbau der Wegenetze voran.

Diese Tatsache verdient sehr gewürdigt zu werden.

Von einer zutreffenden Angabe der eigentlichen Unterhaltungskosten eines Reviers kann also nicht früher die Rede sein, bis die erforderlichen Wege sämtlich in der Weise ausgebaut sind, wie sie dem Bedürfnis voll entsprechen. Erst wenn dieser Zustand des Verharrens eingetreten sein wird, sind die ferner jährlich erforderlichen Kosten, um diesen Zustand zu erhalten, die wirklichen Unterhaltungskosten.

Der Zukunft bleibt es also vorbehalten, diese Beträge für die einzelnen Reviere so genau als tunlich festzustellen und während dieser Zeit die Waldwegebaulehre weiter auszubilden.

Von den heute schon mit Steinbahnen fertig gestellten einzelnen Wegen die Unterhaltungskosten für einen längeren Zeitraum, von etwa 10 bis 20 Jahren, auf die künftige Gesamtlänge der mit Steinbahnen zu versehenden Wege anzuwenden, führt zu falschen Ergebnissen, denn auf den meisten dieser Wege wird heute das Vielfache von den Lasten abgefahren, welche bei einem fertigen Ausbau des ganzen Netzes auf sie entfallen werden.

Außerdem sind die heutigen Wege noch nicht nach übereinstimmenden Vorschriften gebaut, auch bis jetzt nicht unter dem vollen Schutz seitens der Verwaltung benutzt worden. Es fehlen noch Bestimmungen über die zulässigen Ladegewichte, über Radkranzbreiten usw. und vor allem über die Pflege der Wege.

Die in den bisherigen Schriften über Waldwegebau behandelten Ausbesserungen an alten bestehenden Wegen, wenn sie auch noch eine Zeitlang benutzt werden müssen, dürften wertlos sein. Ohne genaue Vorlage über den Zustand solcher Wege wären über 100 einzelne Unterstellungen, ebensoviele verschiedene Anleitungen zu geben.

Auch eine Erörterung über Holzbahnen, Knüppelwege usw. dürfte nicht mehr zeitgemäß sein, aber es erübrigt noch, die verschiedenen Ausbesserungsverfahren zu beleuchten, welche heute noch auf neu ausgebauten Erdwegen anzuwenden sind, die noch nicht in bestimmbarer Zeit wegen Mangels an guten Baustoffen oder aus sonstigen Ursachen eine regelrechte Steinbahn erhalten können.

Es zählen hierzu die Wege auf Alluvial- und Diluvialboden, überhaupt diejenigen auf tiefgründigem Ton-, Lehm-, Kalk- und Sandboden in allen Gegenden, in denen es an festem Gestein fehlt. Erdwege auf diesen Bodenarten können in feuchtem und nassem Zustande beladen nicht gefahren werden, weil belastete Wagen bis zur Nabe einsinken.

An den Mitteln, diesen Zustand zwischen dem Erdausbau und dem Auflegen einer regelrechten Steinschlagbahn oder einem Pflaster für die Wirtschaft einigermaßen erträglich zu gestalten, d. h. die Ausbesserungskosten mit der Wirkung und dem Erfolge im Gleichgewicht zu erhalten, ist keine nennenswerte Auswahl.

Der geschilderte Boden der hergestellten Erdwege muß widerstandsfähiger gemacht werden. Das ist nur durch eine Vermengung der Erdfahrbahn mit Sand oder feinkörnigem Kies auszuführen. Je reiner und schärfer, also je quarzhaltiger der Sand ist, um so eher wird die Vermengung zum Ziele führen.

Der beste Sand besteht aus reinen und feinen Quarzkörnchen, man findet ihn in größeren Bächen (Eder), welche durch Gebirge mit quarzreichen Gesteinen fließen; auch der Rhein führt quarzreichen Sand. An Meeresküsten mit Ebbe und Flut wird der Sand reiner und schärfer sein, als an den Ufern der Binnenseen. Vielfach ist er mit den Verwitterungsteilchen der verschiedenen Steinarten gemengt. Das wird hauptsächlich bei dem Sand in den Küstenlandstrichen und auf dem Festland in den Ländern, wo Sandstein vorkommt, der Fall sein.

Der Kies mit seinen größeren abgerundeten Körnern, die sich zwar nicht so gut zur Verbindung mit den schweren Erdarten eignen werden, kann aber im Gemenge mit der Sandverbindung zu größerer Widerstandsfähigkeit beitragen.

Für die verschiedenen Bodenbeschaffenheiten und Sandarten dürften für die einzelnen Örtlichkeiten durch geregelte Versuche die zweckdienlichsten Mischungen festzustellen sein; aber man unterlasse solche Ausführungen auf nicht regelrecht ausgebauten Erdwegen und bedenke die Geldvergeudung, wenn voller Erfolg nicht erzielt wird.

Je genauer bei neuen Erdwegen auf alle Regeln, besonders die der Trockenlegung geachtet wird, um so sicherer wird der Zweck erreicht werden.

Der Erdbau muß genau so vorbereitet werden, wie es für das Auflegen einer vollen Steinschlagbahn zu geschehen hat, also die Fertigstellung des Steinbettes mit der Wölbung.

Ob die Übersandung für das Meter Weglänge bei einer Fahrbahnbreite von 3,5 m mit 0,70 cbm bis 0,85 cbm schon zum Ziele führen wird, oder ob zur Herstellung einer haltbaren Wegoberfläche 1 cbm Sand und Kies, oder noch mehr erforderlich sein wird, diese Frage ist allerorts festzustellen.

Auch die Fußbahnen muß man in diesen Lagen zur besseren Benutzung mit einer etwa 5 bis 10 cm hohen Sand- oder Kiesdecke versehen.

Es handelt sich bei diesen Versuchen und Feststellungen auch um die noch wichtigere Frage, ob nicht in einzelnen Gegenden diese Sand- und Kiesüberdeckung das Auflegen von Steinbahnen überhaupt zu ersetzen vermag.

Wenn in sehr ungünstigen Lagen die Übersandung auch nicht ganz zum erwünschten Ziele führen wird, ist sie doch, wenn auf richtig gebauten Erdwegen ausgeführt, kein weggeworfenes Geld; sie hat dann wenigstens die Untergrundsverhältnisse für die letzten Auswege — die volle Steinschlagbahn oder das Pflaster — wesentlich verbessert; auf solchem Boden hätte es ohne die vorherige Sandverwendung eine viel stärkere Steinmasse für erstere und die doppelte Sandverwendung für eine Pflasterung erfordert.

Reiner Sand ist, mit Wasser gesättigt viel besser zu befahren, als in losem Zustande, aber um Wege über tiefen Sand für belastete Fuhrwerke gebrauchsfähig zu machen, ist auch eine Vermengung der oberen Schichten mit erdigen Stoffen — Lehm und Ton — das bekannte Mittel. Die verschiedenen Weghobel sind für Sandwege die Werkzeuge, welche augenblickliche Not wohl etwas beseitigen können, welche aber fortwährende Geldaufwendungen veranlassen, ohne die geringste dauernde Verbesserung herbeizuführen, es sei denn, daß sie geeignet sind, den Sand mit Ton und Lehm gut zu vermengen, und dadurch zur Vorbereitung der Sandflächen zur Pflasterung dienen können.

In den „Kritischen Blättern" von Nördlinger, Jahrgang 1867 I S. 256, ist von dem damaligen Oberförster Koltz in Luxemburg ein Wegverbesserungsverfahren veröffentlicht worden, welches Schuberg in seinem Waldwegebau von 1875, Verlag von Julius Springer, Berlin, S. 491 aufgenommen hat, das auch Baurat Rheinhard in der Schrift „Die forstlichen Verhältnisse Württembergs" den Mitgliedern der IX. Versammlung deutscher Forstmänner in Wildbad gewidmet, im 9. Abschnitt: „Der Waldwegebau", Stuttgart, Kriegerscher Verlag 1880, als „Luxemburgisches Verfahren" erwähnt, das darin bestehen soll (wie untenstehende Zeichnung versinnlicht), daß eine 3 m breite Fläche durch beiderseitige Eingriffe in den Boden mit einer Wölbung versehen

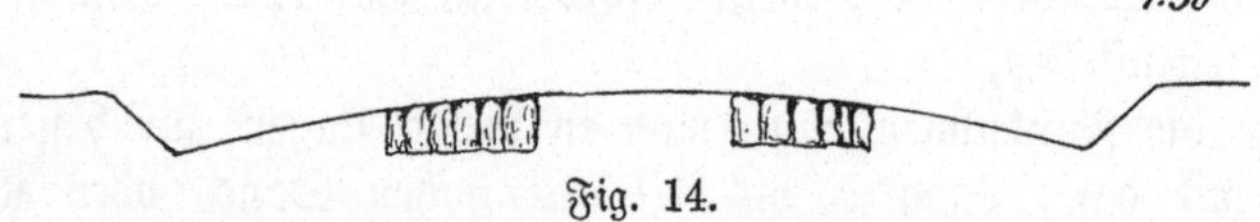

Fig. 14.

wird. In der Mitte der so ausgeformten Fläche bleibt ein 0,6 m breiter Streifen als Erdweg bestehen, beiderseits neben ihm werden zwei je 0,5 m breite Streifen 30 cm tief ausgehoben, mit Steinen ausgefüllt und mit der Oberfläche des Weges wieder ausgeglichen.

Die einzige unbedeutende Herstellung dieser Art hat ein Privatwaldbesitzer, der großer Waldfreund war, in den 60er Jahren des 19. Jahrhunderts in der Nähe von Luxemburg ausführen lassen. Dieser

Wald ist im Jahre 1896 durch Kauf in den Privatbesitz des Großherzogs von Luxemburg gekommen. Verfasser hat ihn kurz darauf mit dem übrigen Privatwaldbesitz seines früheren Landesherrn wirtschaftlich neu eingerichtet und den Betriebsplan aufgestellt.

Von dem alten, bei dem Ankauf jenes Waldes mit übernommenen Förster erfuhr ich, daß er selbst jenen gedachten Versuch zur besseren Fahrbarmachung der dortigen Sandwege nach Anordnung seines Herrn ausgeführt habe, daß aber dieser Versuch vollständig mißglückt sei; er mußte die oberen Steine bald wieder entfernen lassen.

Dieser Fall wird deshalb hier erwähnt, um die Märe von einem „Luxemburgischen Verfahren", was gar nicht bestanden hat, aus der Welt zu schaffen und die Fachgenossen, welche von ihm gehört haben, vor derartigen Versuchen zu warnen, welche ein einzelner Privatmann angestellt und ein schreibseliger Fachmann, ohne den Erfolg abzuwarten, veröffentlicht hat.

Nur ein im Wegebau ganz Unkundiger konnte im Sandboden sich von den zwei losen Steinstreifen einen Erfolg versprechen, denn jedes belastete Fuhrwerk mußte diese Steine ohne jede Widerlage einfach beiseite schieben.

Auf steinreichem Boden können Wege ohne Steinbahnen, wenn Geleise entstehen, durch Auffüllen harter Steine in starker Schotterform verbessert werden, aber auch nicht mit großen Steinen, welche Schlaglöcher herbeiführen.

In leichtem Boden und im Sand ist jede derartige Steinaufbringung, welche guter Widerlager entbehrt und sich nicht verbindet, erfolglose Geldausgabe.

Um die Waldwegebau-Verhältnisse auch im Nordosten des Reiches kennen zu lernen, hat Verfasser vor Herausgabe dieser Abhandlungen zum Besuche die Oberförsterei Schorellen im Regierungsbezirk Gumbinnen gewählt, welche ein früherer Mitarbeiter verwaltet, von dem er unterstellen konnte, daß dieser seine bewährte Kraft auch dem Ausbau der Wege zuwenden würde. Außerdem ist derselbe in der dortigen Gegend kein Neuling, sie ist seine Heimat, er ist auch der unmittelbare Nachfolger seines Vaters, der das Revier ein Menschenalter gepflegt und auch dem Waldwegebau Rechnung getragen hat.

Durch das jetzt noch über 7000 ha große Revier fließt in der Mitte, ziemlich von Osten nach Westen, der Anfang des Insterflüßchens, durch die südwestliche Spitze ein Nebenbach desselben; es liegt ziemlich eben, hat einen meistens tiefgründigen schweren Lehmboden; Wald und fiskalische Wiesen liegen in buntem Gemenge und die Hauptgestelle der Jageneinteilung ziehen genau von Osten nach Westen.

Nach den Angaben des Revierverwalters, Forstmeisters **Regling**, sind die öffentlichen Wege durch den Wald in einer Kronenbreite von 7 bis 8 m und mit Gräben, nach Bedarf des Baustoffes für die Erhöhung, mit der nötigen Breite, mindestens 1,5 m, hergestellt.

Sie sind mit Ausnahme zweier weniger wichtiger Wege kunstgemäß ausgebaut und zwar entweder als Kieswege oder mittelst Pflasterung.

Die Kiesbahn, 3 m breit, liegt durchgängig in der Mitte; das Pflaster dagegen immer seitlich auch 3 m breit, so daß eine unbefestigte Bahn als Sommerweg daneben verläuft, welche aber selten oder nie benutzt wird. Der seitliche Aufhieb soll 4 m sein, ist aber stellenweis noch nicht durchgeführt.

Außer diesen öffentlichen Wegen, welche die Forstverwaltung zu unterhalten hat, durchziehen das Revier noch zwei öffentliche Wege, welche der Kreis ausgebaut hat und auch unterhält:

1. Die Loebegaller Landstraße als Kiesweg mit einer 10 m breiten Wegkrone und einer 40 cm hohen Kiesschüttung, welche in der Mitte liegt,
2. die sog. Kreischaussee von Pillkallen nach Landehnen, Steinschlagstraße I. Ordnung, Wegkrone 9 m mit seitlich gelegener Steinbahn von 4,5 m, einem Sommerweg von 2 m und je 1 und 1,5 m breiten Fußwegen.

Bei der ersten Straße verlangt der Kreis einen Aufhieb von 10 m zu beiden Seiten; bis jetzt waren 7 m nach Westen und 5 m nach Osten aufgelichtet. Bei der zweiten ist der Aufhieb 3 bis 4 m, es wird ein weiterer zwar gewünscht, aber der Windwurfgefahr wegen kann er bei Fichtenstangenorten vorläufig nicht erfolgen. Die Seitengräben beider Straßen haben eine Breite von 1,5 m.

Die Gestelle sind mit Ausnahme der bedeutenden Moorfläche „die große Plinis“ sämtlich mit Gräben versehen. Die Wegkronen sind meist 6 m breit, die Gräben je 1,5 m. Der Aufhieb der Lichtstreifen steht teilweise noch zurück; er soll bei den Hauptgestellen je 4 m, bei den Feuergestellen je 3 m betragen.

Im wesentlichen hat sich der Ausbau bis jetzt auf die Hauptgestelle, welche für das Revier die wichtigsten sind, beschränkt.

Wegen des Mangels an Steinen, es kommen nur wenige Granitfindlinge vor, ist nur eine Gestellstrecke von etwa 4,5 km mit einer

Steinschlagbahn belegt. Sie ist 3,5 m breit, seitlich gelegen, daneben 2 m Sommerweg. Die Fußwege sind je 1 m, so daß die Wegkrone 7,5 m breit ist.

Im übrigen sind die ausgebauten Strecken Sand- bzw. Kieswege.

Die älteren Anlagen — das gilt auch für die öffentlichen Wege — sind durch Obenaufschüttung dieser Baustoffe hergestellt.

Die neueren Anlagen enthalten den Kies oder Sand in einem sog. Kasten, der zuerst durch Aushebung des Bodens auf der Wegkrone gebildet wurde, jetzt aber in der Weise gestaltet wird, daß die Seitengräben entsprechend erbreitert bzw. vertieft werden und die dadurch gewonnene Erde zur Bildung des Kastens benutzt wird, indem die seitlichen Flächen erhöht werden.

Die Obenaufschüttung hat den Nachteil der Stoffverschwendung durch Verkrümeln, der Kastenbau durch Räumung der Gräben den Vorteil der Erhöhung des Wegkörpers.

Der Befestigungsstoff wird 30 cm hoch aufgetragen und zwar wird neuerdings die Fahrbahn immer in die Mitte gelegt. Die Krone ist 6 bis 7 m breit, die Gräben werden mindestens 1,5 m ausgehoben, der seitliche Aufhieb je 4 m.

Da Kies im Revier nicht vorhanden und die Beschaffung an Ort und Stelle 4 bis 4,5 Mark kostet, so erhält versuchsweise die 30 cm hohe Schüttung auf einigen Strecken 15 cm Sand und darüber 15 cm Kies. Sandlager finden sich an einigen Stellen des Reviers.

Bei dem bereits erwähnten Mangel an Steinen werden Pflasterungen nicht mehr angelegt. Sie sind unzweckmäßig, weil sie hier eine besondere Unterlage verlangen, einer sehr starken Sandbettung bedürfen, eine größere Fahrbahnbreite erfordern und dadurch die Anlagekosten unverhältnismäßig steigern. Wenn schon bei Kies und Sandwegen eine Fahrbahn von 3 m kaum ausreicht, so ist bei Pflasterung diese Breite entschieden zu gering.

Neuerdings werden auf sehr tiefliegenden sumpfigen Gestellen, deren Entwässerung kaum möglich, ferner auf moorigen Stellen Knüppelwege in einer Breite von 3,5 m bis 4 m angelegt. In einem Kasten, der wie bei den Kies- und Sandwegen gebildet wird, liegen die Knüppel auf drei Unterlagen und sind mit Erde so stark bedeckt, daß die Räder der Wagen die Holzlage nur ausnahmsweise erreichen. Alle 3 bis 4 m sind Wasserschlitze bis zu den Wegegräben angebracht. Diese Anlagen sind auf Wegestrecken, bei denen Kieswege unhaltbar sind. Auch bei Anrechnung des Holzwertes werden sie nicht teurer — voraussichtlich billiger — werden als Kieswege, namentlich die Unterhaltung. Erfahrungen sind noch nicht gesammelt.

Als der beste und billigste Notbehelf mag eine solche Ausführung für die nächste Zeit wohl gelten können, aber eine dauernde Abhilfe dürfte nur durch eine, den örtlichen Verhältnissen angepaßte, angemessene Erhöhung des Wegkörpers herbeizuführen sein.

Wenn z. B. an solchen Stellen eine 6 m breite Wegkrone erzielt und eine Erhöhung von 0,6 m herbeigeführt werden sollte, dann ist diese auf einer Breite der örtlichen Oberfläche von 7,2 m (Tabelle 7) aufzubauen, zu welcher Erhöhung für das Längemeter (6,6 . 0,6) = 3,96 cbm Erde erforderlich wären, welche bei 2 beiderseitigen Gräben von je 2,9 m Breite bei $^4/_4$ Böschung (Tabelle 2) mit (2 . 2,08) = 4,16 cbm erfolgen.

Wäre in solchen Fällen die demnächstige Ableitung des Wassers nach einer Seite nur in geringem Maße möglich, dann würde sich das Einlegen einer oder mehrerer Zementrohre quer in den Wegkörper vor der Erhöhung empfehlen. Sie müßte zwar von Grabensohle bis Grabensohle reichen, aber etwa 10 bis 20 cm höher gelegt werden, um sie vor Verschlammen zu sichern, und auch mit dem Abzugsgraben auf der tiefer liegenden Fläche übereinstimmen.

Es würde auch die Ableitung fördern, wenn man auf der Ableitungsseite den Weggraben etwas breiter, dafür den oberen um dasselbe Maß schmaler ausheben würde. Bei 20 cm würde das einen Unterschied in der Höhe der Grabensohle von 20 cm betragen. Also für das Beispiel der

untere Graben	3,1 m Breite,	1,40 Tiefe,	2,38 cbm	Erde bei	$^4/_4$ Böschung.
der obere	2,7 „ „	1,20 „	1,80 „	„ „	„ „
		0,20 cm	4,18 „	„ „	„ „

Nachdem ein Wegkörper auf diese Weise gehoben und das Wasser, wenn auch nur um etwas durch die Ableitungsgräben auf einer Seite abgeleitet ist, kann die Wegkrone auf die eine oder andere Art gehärtet werden.

Unter solchen Verhältnissen ist auch das größte Gewicht auf Trockenlegung und Luft und Licht zu legen. Dazu kommt immer noch die schlimmere Zeit im Frühjahr, wenn die Sonne beginnt, die im Winter gebildete Eis- und Schneekruste aufzutauen.

In diesem Zeitabschnitt sind die Sand- und Kieswege meistens kaum zu befahren, und wenn es geschieht, leiden sie sehr darunter. Daher werden in der Regel die W a l d w e g e dort nach den Verkaufsbedingungen für diese Zeit gesperrt, woran sich die Fuhrleute gewöhnt haben, weil diese Maßregel zu ihrem eigenen Vorteil gereicht.

Eine neuere wegbauliche Mitteilung in: „Waldwegbau und Terrainstudien im Keupergebiete von Forstmeister Hans Knauth, Frankfurt a. M. 1896" verdient in weiteren Kreisen bekannt zu werden.

Im Bezirke des Königlichen Forstamtes Bamberg-West des bayerischen Regierungsbezirks Oberfranken liegt der Staatswald „Bruderwald" unmittelbar an der floßbaren Regnitz im Keuper und Juragebiete. In diesem Wald tritt insbesondere Keuperletten, dann durch Auswaschen der unter ihm liegende Stubensandstein zutage und auf ersterem gelagert der sogen. „Bonebed", ein gelber, mehr oder weniger eisenhaltiger Sandstein.

Die Wege wurden in dem gebirgigen, vielfach ausgewaschenen und sehr schwer zu bearbeitenden Gelände durch Ab- und Auftrag hergestellt und gut durch eingelegte Rohre entwässert. Weil sie bei feuchter Witterung bei dem einfachen Erdausbau nicht befahren werden konnten, wurde auf die nur 3 m breite Wegkrone, welche auf $^1/_{20}$ der Wegbreite gewölbt ist, auf die besseren, mehr lehmig sandigen Unterlagen eine Schichte von etwa 15 cm, auf den schlechteren sogen. „Röteboden" mindestens eine von 25 bis 30 cm Stubensandstein gebracht. Kollege „Knauth" sagt Seite 39 und 40:

„Sowohl der grobkörnige weiße Sand dieses Stubensandsteins, noch vielmehr die gelblich bis schwach rötlich gefärbte Sorte hat die Eigenschaft mit diesen Lehm- usw. Unterlagen eine verhältnismäßig sehr feste Decke zu bilden, welche unter günstigeren Verhältnissen schon im Laufe eines halben, spätestens ganzen Jahres, in weniger günstigen — bei größeren Gefällen, welche tiefere Geleisspuren, Herausdrücken des schlechten Rötebodens durch den Sand hindurch, stärkeres Aus- und Abflößen des Sandes selbst bedingen — im Laufe zweier bis dreier Jahre so hart wird und infolge der guten Wasserableitung so hart bleibt, daß die auf diese Weise übersandeten Wege verhältnismäßig schwere Belastungen zu tragen vermögen."

„Das Übersandungsmaterial liefern, wie schon angedeutet, die obersten mehr oder weniger verwitterten Schichten der Stubensandsteinfelsen, dann noch eine Abart von mehr gelblich bis ganz schwach rötlich gefärbten Keupersandsteinen. Von diesen Steinen werden allerdings größere Brocken mitgewonnen, indes der geringste Druck genügt, um den auf die Größe des Schottersteins zugerichteten Sandstein zu feinem

Sand zu zermalmen. Selbst bei grobkörnigen Stubensandsteinen bedarf es oft nur eines forcierten Trittes, sie können mit dem Stiefelabsatz zerkleinert werden."

Kollege Knauth sagt weiter: „Jedem Forstmann mag es befremdlich klingen, daß man, gut deutsch ausgedrückt, mit „Dreck und Sand" Wege bauen kann, die unter nicht abnorm ungünstigen Verhältnissen imstande sind, die schwersten Stammholzfuhren zu tragen, ohne daß sie besonders merkbare und tiefere Geleiseindrücke zeigen, denn eine wohlbeschotterte und mit Grundbau versehene Straße unter gleichen Verhältnissen."

Das sind allerdings selten gute Verhältnisse, die eine Feststellung wünschenswert machen, durch welche naturkundlichen Eigenschaften diese Verhärtung der Sand- und Lettenmasse herbeigeführt wird.

Wie schade, daß diese Wege nur 3 m breit hergestellt werden. Bei dieser Breite kann die beste Steinbahn auf die Dauer unmöglich halten, denn sie trägt den Keim der Unhaltbarkeit unbestreitbar in sich.

Auch an die Bestimmungen der neuen Unfallgesetze darf man gar nicht denken.

IX. Abschnitt.

Die Pflege der Wege.

Die Wegunterhaltung begreift die Arbeiten in sich, die durch einen längeren Gebrauch der Wege im Laufe der Zeit zu ihrer Instandhaltung nötig werden.

Durch die Pflege der Wege soll ein rasches Nötigwerden von Unterhaltungsarbeiten möglichst lange hinausgeschoben werden.

Sie besteht darin, die Unbilden, welche Naturereignisse herbeiführen können, möglichst abzuschwächen und mißbräuchliche Behandlung und Benutzung tunlichst zu verhüten.

Zu diesem Zweck müssen Wegeordnungen festgestellt werden, welche von den Forstverwaltungen für einzelne Reviere oder größere Bezirke mit gleichen Verhältnissen auszuarbeiten und von der Oberbehörde gut zu heißen sind. Nur unter Anerkennung dieser seitens der Kaufliebhaber sind die Holzverkäufe abzuschließen.

Durch die Wegeordnung ist für die Fuhrwerke die Breite der Radkranzbeschläge festzusetzen. Für die verschiedenen Breiten — 5 bis 6 cm und 10 bis 12 cm — sind bei vierräderigen Wagen die zulässigen Ladegewichte, etwa 6 bis 9 Zentner, bezw. 8 bis 13 Zentner für das Rad zu bestimmen. Für Karren die Hälfte.

Den Fuhrleuten ist zu verbieten:

Das seitliche Abweichen mit beladenen Wagen von den Steinbahnen,

das Beschädigen von Gräben und Riegeln,

das Wenden auf Wegen; die Abrundungen der Waldecken bei Ausmündung von Schneisen auf Einteilungswege; die Wendestellen und sonstigen Wegerbreiterungen sorgen für den erforderlichen Raum, das Befahren der nicht in Frage kommenden Schneisen leer oder beladen, nur um Umwege zu ersparen. Wenn auf Schneisen Holz aufgestapelt ist, dürfen sie nur bis zum nächsten Weg benutzt werden[1]).

Von den Fuhrleuten ist zu fordern:

daß sie zur Schonung der Wege die Krümmungen voll ausfahren und die zum Schutz gesetzten Steine, welche als Abweiser dienen sollen, nicht beschädigen, und daß sie zum Hemmen beladener Wagen hölzerne Radschuhe von mindestens 20 cm Breite verwenden.

Im Interesse der Waldeigentümer müssen die Forstverwaltungen selbst auf regelrechten Ausbau halten und zur möglichsten Instandhaltung das ihrige beitragen.

Unter anderem auch zur Verhütung von Irrfahrten für die angemessene Zahl von Wegweisern sorgen[2]).

An allen scharfen Wendestellen die erforderliche Zahl von Prellsteinen einsetzen und

allen Anwuchs von Holz und Strauchwerk auf den Wegflächen, Gräben und Böschungen entfernen lassen.

Auch ein gewisser Vorrat von Steinen aus Schotter darf nicht fehlen.

Im Walde kann man davon absehen, besondere Plätze für Steine auszuhalten, sie können auf Kreuzungen von Wegen um die Prellsteine herum angehäuft, auch in kleineren Mengen auf die Riegel, auch auf eine der Fußbahnen gebracht werden.

Im Herbst nach dem Laubabfall sind die Wege von solchen Auflagerungen zu befreien.

Wenn bei gewölbten Steinbahnen bis 4 % Längsneigung das seitliche Abrinnen des Wassers bei Niederschlägen durch Geleisebildung verhindert wird und seinen Lauf in der Längsrichtung nimmt, dann sind diese Geleise sofort durch Einfüllung von Kies oder Schotter zu beseitigen. Diesen Stoffen ist aber so viel Sand beizumischen, daß sie durch Einstampfen befestigt werden können.

Bei richtigem Ausbau wird der durch den Gebrauch der Wege gebildete Sand in den seitlichen Gräben oder in Wassertaschen aufgefangen und kann für diesen Zweck immer wieder verwendet werden.

---

[1]) Siehe wirtschaftliche Einteilung der Forsten, Abschnitt V. 4, S. 129.

[2]) Die billigsten Wegeweiser sind ausgesuchte Steine z. B. Basalt, Granitsäulen usw. mit weißer Ölfarbe-Aufschrift in km, welche auch gleichzeitig als Prellsteine bei Kreuzungen von Wegen dienen können.

Zum Einstampfen gebraucht man den sog. Betonstampfer[1]).

Auf allen Wegen mit seitlicher Neigung geschieht die Wasserableitung am sichersten durch Herstellung von Steinschwellen (Würsten).

Wenn zwischen diesen bei starkem Gebrauch auch Geleise entstehen, ist wie vorher gezeigt zu verfahren.

Bei Wegen mit Wölbung und über 4 % Längsneigung sind die auf die Wegkrone fallenden Niederschläge schwieriger zu bewältigen. Solange die Fahrbahnen vollständig erhalten bleiben, läuft das Wasser in schräger Linie seitlich in die Gräben ab und wird durch die Riegel festgehalten, aber mit der Zeit entstehen doch Unregelmäßigkeiten, wodurch das Wasser zu lange auf der Wegkrone zurückgehalten wird und namentlich zu viel der Längsrichtung folgt.

Für diese Fälle sind Eingriffe in die feste Steinbahn nicht ratsam, eher geringe, kaum merkbare Vertiefungen zu beiden Seiten mit der eisernen Pflasterramme herzustellen, welchen das Wasser leicht folgt. Ein anstelliger Arbeiter wird bei Regenwetter schon durch das ablaufende Wasser darauf hingewiesen, wo das geringste Vertiefen den besten Ausweg seitlich schafft.

Scharfen Sand, gerade wie er bei einer Schotterdecke von gutem Gestein auf unseren Steinbahnen gebildet und bei richtiger Anlage der Riegel in den Gräben seitlich aufgefangen wird, soll man sorgfältig verwahren und nicht, wie es in sandarmen Gegenden häufig geschieht, abgeben. Schon mit geringem richtigem Sandauftragen auf die seitlichen Fahrbahnen kann der Wegepfleger oft für längere Zeit das Ablaufen des Wassers regeln. Der Sand ist nahe zur Hand, und der Vorteil, daß er immer wieder aufgefangen und zu gleichem Zweck verwendet werden kann, ist sehr beachtenswert.

Wenn auf diesen stärker geneigten Wegen es zur Geleisebildung kommt, muß auf die bereits vorgeführte Weise verfahren, aber stets auf gutes Befestigen des neuen Einbaues gesehen werden.

Schon so lange Verfasser als Leiter von Forsteinrichtungen tätig ist, wurde ihm wiederholt nahe gelegt, eine Anweisung für besondere Wegewärter zu entwerfen, es ist ihm aber gelungen, diesem Ansinnen stets auszuweichen. Der Grund hierzu war die Überzeugung, daß es keine glückliche Anordnung wäre, dem Förster einen Bediensteten an die

---

[1]) Der Betonstampfer ist 86 cm hoch, hat einen 3 cm dicken hohlen Stiel und Griff von Eisen, ein Untergestell mit eiserner Platte 20 qcm groß, ist 12 kg schwer und in jeder Eisenhandlung zu haben (Tafel 7, Zeichnung IV).

Seite zu stellen, welcher auf Grund einer Dienstanweisung zu arbeiten hätte und dadurch auch eine gewisse Verantwortung übernähme, die den Förster entlastet.

Die Pfleger der Waldwege müssen mit den Grundsätzen des Ausbaues genau bekannt sein, damit sie schon bei der Anlage alles verhüten können, was zur vorzeitigen Abnutzung derselben führen muß.

Wir wollen wünschen, daß unsere Förster möglichst bald dahin gelangen, denn sie müssen die Seele aller werktätigen Ausführungen im Walde sein, sie müssen es auch mit voller Verantwortlichkeit bleiben.

Dem Förster müssen selbstredend ständige Arbeiter zur Seite stehen. Er wird sich die tauglichsten zur Pflege der Wege aussuchen, sobald ihm die volle Verantwortung für die richtige Ausführung bleibt.

Wenn er die Pflege der Wege in ausgedehnten Schutzbezirken an mehrere Arbeiter verteilt und einem jeden einen festen Bezirk überweist, kann er dadurch auch einen gegenseitigen Wetteifer herbeiführen.

Je vielgestaltiger in einem Gewerbe das Ineinandergreifen ist, um so größer die Gefahr für das Ganze. Einer einfachen und wohlgeordneten Gliederung ist auch im Forsthaushalte der Vorzug zu geben.

Eine wesentliche Beachtung verdient bei allen werktätigen Ausführungen im Walde die Wahl der Werkzeuge und Gerätschaften.

Ohne zweckdienliche Geräte kann eine Arbeit nicht einwandfrei und namentlich nicht in kürzester Zeit vollzogen werden; sie müssen immer in einem vollständig brauchbaren Zustand erhalten werden.

Es ist dies für den Arbeitgeber, wie für den Arbeitnehmer gleich wichtig. Die Arbeitskraft kann bei mangelhaften Werkzeugen nicht vollständig ausgenutzt werden, und bei schlechtem Arbeitsgeschirr braucht der Arbeiter die mehrfache Anstrengung.

Bei Erdbewegungen dürfen leichte Karren nie fehlen. Den hölzernen ist denen aus Eisen und Eisenblech im Walde der Vorzug zu geben, namentlich sind hölzerne Räder vorzuziehen. Es dürfen auch Laufbohlen nicht fehlen; denen aus Buchenholz ist eine Stärke von 4,5 cm, eine Breite von 22 cm und eine Länge von 4,4 m zu geben.

Bei stärkeren Erdbewegungen auf weite Strecken empfehlen sich Schienengeleise mit zubehörigen Wagen.

Alle diese Werkzeuge und Gerätschaften müssen für die Zeitabschnitte, in denen sie nicht gebraucht, gut gereinigt, eingeölt und trocken aufbewahrt werden.

X. Abschnitt.

Die Holz-Fuhrwerke.

Zur Fortschaffung des Holzes aus dem Walde kommt heute noch im großen Durchschnitt hauptsächlich das sogenannte Landfuhrwerk in Betracht. Es liegt nicht in der Hand der Forstverwaltungen, die für den jeweiligen Zustand ihrer Wege erwünschte Art der Gefährte vorzuschreiben, denn man findet in jeder Gegend gerade die dem örtlichen Bedürfnis angepaßten Fuhrwerke; hier vorzugweise den zweiräderigen Karren und den Wagen, dort nur den Wagen allein, aber häufig von verschiedener Bauart in bezug auf Spurweite, Räderhöhe, Gewicht usw.

Nur sehr schwer läßt sich der Landmann von seinem gebräuchlichen Fortschaffungsmittel abbringen. Einzelne Fälle, in denen ihn die Industrie einen dauernden Verdienst voraussehen läßt, bilden eine Ausnahme.

So lange die Eisenschiene nicht andere Verhältnisse herbeiführt, ist es für die Forstverwaltung jedenfalls vorteilhafter, wenn die ländlichen Gefährte die Fortschaffung des Holzes aus dem Walde bewältigen können, als wenn sie für schweres Frachtfuhrwerk die Wege einzurichten genötigt wäre.

Die Sachlage, daß eine richtige Wegnetzlegung im Walde dafür sorgt, daß in der Regel nur auf ebenen und Fallwegen das Holz abgefahren werden kann, verführt die Fuhrleute sehr leicht zum Überladen ihrer Gefährte. Diese Tatsache ist aber beim ländlichen Fuhrwerk weniger gefahrbringend und leichter zu verhüten, als bei schwerem Lastfuhrwerk, dessen Beschaffenheit und Schwere dahin zielt, möglichst schwere Lasten fortzuschaffen.

Hinsichtlich der Belastung und Einrichtung der Gefährte gibt in Preußen das Gesetz vom 20. Juni 1887 (G. S. S. 301) für den Verkehr auf Kunststraßen folgende Bestimmungen über Radfelgenbeschläge und Ladegewichte:

Für die Breite der Felgenbeschläge von cm	ist das höchzulässige Ladungsgewicht 4rädriger Fuhrwerke in kg	An grünem und lufttrockenem Holze ausgedrückt:							
		Eiche grün 990	luft-trocken 720	Buche grün 950	luft-trocken 710	Kiefer grün 850	luft-trocken 530	Fichte grün 760	luft-trocken 460 kg
		festmeter	fm	fm	fm	fm	fm	fm	fm
5 bis 6,5	2 000	2,02	2,77	2,10	2,82	2,35	3,77	2,63	4,35
6,5 „ 10	2 500	2,52	3,47	2,63	3,52	2,94	4,72	3,29	5,44
10 „ 15	5 000	5,05	6,94	5,26	7,04	5,98	9,43	6,58	10,87
15 u. darüber	7 500								

Für zweiräderige Wagen und solche, bei denen das Hauptgewicht der Ladung auf zwei Rädern ruht, ist nur die Hälfte des obigen Ladungsgewichtes gestattet.

Ladungsgewichte über 7500 kg dürfen, wenn die Ladung aus einer unteilbaren Last besteht, nur unter Genehmigung der Straßenverwaltung und Innehaltung der gestellten Bedingungen verfrachtet werden.

Das Gesetz gilt auch für diejenigen, nach Art der Kunststraßen ausgebauten Wege, welche, auf Antrag der Unterhaltungspflichtigen, als solche staatlich von dem Oberpräsidenten anerkannt werden. —

Die beste Wegausführung mit dem härtesten Gestein kann einer übermäßigen Belastung der Gefährte nicht widerstehen; es ist daher eine wichtige Fürsorge der Verwaltung, derartigen Vorkommnissen vorzubeugen. Am einfachsten kann es durch gerechte Vertragsbedingungen, unter denen der Holzverkauf stattzufinden hat, verhütet werden.

Je nach den Widerstandsfähigkeiten der Baustoffe, welche in den verschiedenen Gegenden beim Wegebau zur Verfügung stehen, bzw. zur Verwendung kommen, müssen die Ladungsgewichte festgesetzt werden, denn zwischen Sand- und Kieswegen, oder solchen, die mit Sand- und Kalksteinen oder mit Granit und Basalt ausgebaut werden, liegt ein großer Unterschied.

Der kleine Bauer mit seinem 10 bis 18 Zentner schweren Fuhrwerk, welches vorzugsweise mit Rindvieh bespannt wird, hat gewöhnlich eine Felgenbreite von 5 bis 6,5 cm und versteht sich bekanntlich schwer zur Beschaffung eines breiteren Radkranzes. Ihm kann daher höchstens eine Belastung von 6 bis 9 Zentnern für das Rad zugestanden werden.

Den Besitzern schwererer Wagen von 18 bis 30 Zentnern und stärkerem Zugvieh, namentlich Pferden, liegt es viel mehr im eigenen Vorteil, eine Felgenbreite von 8 bis 12 cm anzuschaffen. Bei einem solchen Radkranz kann eine Radbelastung von 8 bis 12 Zentnern erlaubt werden.

Je nach der Güte der Stoffe, mit welchen ein Weg gehärtet ist, muß für den Spielraum der Radbelastung die entsprechende Zahl gewählt werden. Die Belastung eines Wagens, der 10 cm breite Radkränze hat, mit 5 rm (3,5 fm) trockenem Buchenscheitholz — das sind etwa (3,5 . 710) 12,5 Zentner für ein Rad und 50 Zentner für den Wagen — soll man nur bei Wegen mit bestem Gestein gestatten, was auch in der Regel auf Kunststraßen verwendet wird.

Beim Bewegen von Lasten auf Karren und Wagen stellen sich der Zugkraft entgegen:

a) die Zapfenreibung in den Radnaben, welche mit dem Gewicht der Ladungen zunimmt,

b) die Hindernisse bei Fortbewegung der Räder, welche durch die Verschiedenheit des Zustandes der Wegoberflächen sich ergeben. Sie sind geringer bei festen und glatten Fahrbahnen, wie Eisenschienen, Pflaster- und gewalzten Steinschlagbahnen, stärker bei Sand- und den verschiedenartigen Erdwegen.

Beide Widerstände — a und b — zusammengenommen, werden mit dem Ausdruck: „Rollende Reibung" bezeichnet.

Diese rollende Reibung wird bei der Zunahme der Ladungsgewichte durch eine entsprechende Erbreiterung des Felgenbeschlages — des Radkranzes — gemildert, und zwar mehr bei preßbaren Fahrbahnen, wie Erdwege, als bei Pflaster- und glatten Steinbahnen.

Bei den Vorschriften für Kunststraßen ging man mit den Bestimmungen über Radkranzbreiten bis weit über 20 cm hinaus.

Der Franzose „Morin" hat auf Grund von Versuchen die Behauptung aufgestellt, daß auf guten Steinschlag- und Pflasterbahnen der Widerstand der rollenden Reibung nahezu unabhängig von der Felgenbreite sei, sobald diese das Maß von 8 bis 10 cm erreicht habe, daß aber auf preßbaren Bahnen der gedachte Widerstand in dem Maße abnehme, als die Breite der Radkränze wüchse.

Diese Ansicht scheint jetzt ziemlich die allgemeine zu sein. Man geht über die Forderung von 10 bis 12 cm Radkranzbreite gewöhnlich nicht mehr hinaus, es sei denn in Einzelfällen von größerer Belastung.

Die Felgenbeschläge dürfen weder eine hohle, noch gewölbte Ausformung, müssen vielmehr eine ebene Außenfläche haben, auch dürfen die Radnägel nicht vorstehen, sondern müssen der Oberfläche gleich eingelassen werden.

Der Karren hat gegen den Wagen das bequemere Umdrehen auf derselben Stelle und die leichtere Lenkbarkeit voraus. Die Zugtiere können auf geneigten Bahnen in der Schere oder Gabeldeichsel leichter zurückhalten, aber auf schlechten Wegen ist die Gefahr des Umstürzens eine größere als bei dem Wagen.

Auf ebenen Wegen liegt bei dem Karren der Schwerpunkt der Ladung gerade auf der Achse, bei Bergfahrten verlegt er sich nach hinten, bei Talfahrten auf die vordere Seite. Bei Karren werden die Spurweiten meistens etwas größer und die Räder etwas höher — 1,70 bis 1,90 m — gewählt.

Hohe Räder erfordern geringere Zugkraft, gleiche Belastung und Felgenbreite vorausgesetzt, beschädigen auch die Fahrbahn verhältnismäßig weniger als kleine Räder.

Als Ladungsgewicht für den Karren nimmt man gegen den Wagen gewöhnlich die Hälfte an.

Bei Wagen ist es vorteilhaft, den Vorderrädern einen kleineren Durchmesser (Höhe) als den Hinterrädern zu geben, um einesteils eine leichtere Lenkung zu erzielen, dann auch, um die Zugstränge in die richtige Lage zu bringen. Beim Landfuhrwerk schwankt dieses Verhältnis der Höhe der Vorderräder zu dem der Hinterräder zwischen: $\frac{0,90\text{ m}}{1,15\text{ m}} - \frac{0,92\text{ m}}{1,17\text{ m}} - \frac{0,93\text{ m}}{1,26\text{ m}} - \frac{1,00\text{ m}}{1,30\text{ m}}$.

Die Spurweite, die Entfernung der inneren Radkranzkanten, wechselt zwischen 1,10 bis 1,15 m; häufig wird sie auch von Mitte zu Mitte der Felgenbreiten angegeben.

Den Vorder- und Hinterrädern muß gleiche Spurweite und Radkranzbreite gegeben werden, oft findet man aber, daß manche Fuhrleute den Hinterrädern eine geringere Breite der Beschläge geben, z. B. $\frac{8\text{ cm}}{10\text{ cm}}$.

Das Preußische Gesetz macht bei Bestimmung der Höchstgewichte von Ladungen keinen Unterschied mehr zwischen Sommer- und Winterzeit, eigentlich zwischen trockenem und naßem Zustand der Wege. Derartige Bestimmungen sind auch kaum aufrecht zu erhalten.

Der Forstmann muß aber doch das Mögliche aufbieten, daß die Abfahrt seiner Hölzer aus dem Walde in die trockenere Jahreszeit fällt, denn der Verschleiß der Steinbahnen ist doch ein ungleich stärkerer im naßem Zustande im Vergleich mit dem bei trockenem Wetter; der Erdwege gar nicht zu gedenken.

Späte Holzverkäufe im Frühjahr können wohl etwas nach dieser Richtung hin wirken, aber da, wo verschiedene Waldbesitzer in Mitbewerb treten, bleibt es immerhin ein zweifelhaftes Mittel. Allgemeine Fahrverbote für naßes Wetter sind unzulässig, in außergewöhnlichen Fällen wird sich niemand dagegen auflehnen.

In den Hochlagen unserer Gebirge, wo der Schnee lange liegen bleibt, wird noch der Schlitten zum Verfrachten des Holzes benutzt.

Weil bei ihm die rollende Reibung der Räder fortfällt, die gleitende Reibung nur als Bewegungswiderstand vorliegt, so können bis zu gewissen Neigungsgrenzen der Wege sehr bedeutende Lasten, ohne die Fahrbahnen anzugreifen, mit ihm bewegt werden.

Wichtiger für die Holzverbringung im Walde selbst sind die kleineren Handschlitten zum Verschaffen der Hölzer an die fahrbaren Wege aus den einzelnen Abteilungen. Man kann damit die ungehärteten Schneisen schonen, auch das Holz durch die Waldorte selbst bei nassem Wetter und bei Schnee rücken lassen.

XI. Abschnitt.

Ästhetik im Walde.

Überblickt man im Frühjahr nach der Ausstellung eine neu verkoppelte Feldmark, wie entfaltet sich da ein erfreuendes Bild!

Der kleinste Bauer ist bestrebt gewesen, seinen Acker so geregelt auszustellen, daß er gegen seinen mehr begüterten Nachbar nicht zurücksteht. Auch der von Haus aus mehr Anregung Bedürfende ist unwillkürlich dem guten Beispiel der Menge gefolgt. Alle Glieder des Gemeinwesens erfreuen sich der geschaffenen Ordnung. Ja, sie wirkt unwiderstehlich fort auf alles, auf Haus, Hof und Stall!

Diese segensreiche Ordnung fehlt im Walde noch vielfach.

Dem leidenschaftlichen Jäger ist oft gar nicht viel daran gelegen; er würde vielleicht die Urwaldverhältnisse wieder herbeiwünschen, wenn die Pflicht nicht ein anderes von ihm forderte.

Auch auf die innere Begrenzung der Abteilungen wird im Walde noch zu wenig Gewicht gelegt, die Wege und Schneisen sind oft mit Gesträuch aller Art verwachsen, die Gräben oft vom Fuhrwerk verfahren oder doch beschädigt, der Grabenaushub liegt meistens seitlich aufgehäuft, wie ihn der Arbeiter seiner Zeit hingeworfen, und wenn zur Verbesserung schlechter Wegstellen einmal neuer Stoff nötig ist, wird er gewöhnlich durch Eingriffe in die Böschungen da weggenommen, wo er gerade gebraucht wird, so daß Auge und Gefühl dadurch beleidigt werden müssen.

Mit der Wasserwirtschaft sieht es vielfach noch trostloser aus, auf den geneigten Wegen und ausgetretenen Pfaden strömt bei Regengüssen das Wasser von Berg zu Tal, es fehlen oft Vorrichtungen zu seiner Verteilung, und wenn sie sich einmal vorfinden, dann wird gewöhnlich das Wasser in die nächste Mulde anstatt nach den Rücken geleitet.

An den Waldrändern sieht man häufig Äste mit Stummeln unschön abgehauen, statt glatt abgesägt. Manch schöner üppiger Gipfeltrieb von eingesprengtem Nadelholz ist schon Jahrelang vom nachbarlichen abkömmlichen Nebenast verpeitscht, ohne daß ihm zeitige Rettung gebracht worden ist, usw., usw.

Ich gestehe es, daß mich die nach vielen Seiten hin mangelnde Ordnung im Walde zum Kritiker ausgebildet hat.

Auch der Forstmann ist berufen, den Schönheitssinn zu pflegen.

Sogar beim Wegebau im Walde kann in diesem Sinne viel geschehen, am wirksamsten wird ihm durch den Aufschluß des gebirgigen Waldlandes mittelst Schneisen und Wegen und gerade mit den ziemlich eben verlaufenden, die steilen Abhänge durchschlängelnden Wirtschaftswegen Rechnung getragen.

Auf solchen, in dieser Lage in steilen Bergwänden durch Felsen und Klippen hinziehenden Wegen übersieht man nicht allein das höher und tiefer liegende Waldgelände mit seinen jüngeren und älteren Bestandesabwechselungen, auch die Fernsicht in weiter liegende Fluren und Dorfschaften erfreut jedes Wanderers, im Walde einer Gebirgslandschaft, doppelt empfängliche Herz.

Zur Waldschönheit nach Möglichkeit beizutragen, ist der Forstmann aber auch um so mehr verpflichtet, weil ihm die Pflege des herrlichsten der Naturgebilde übertragen ist.

Üppig strotzende Feldfluren, volltragende Weinberge, gepflegte Gärten und Parks können gewiß Herz und Auge ergötzen.

Diese Pracht hält aber den Vergleich mit einer reizenden Waldlandschaft nicht aus, sie ist auch vielfach von zu kurzer Dauer, gleich der Königin der Blumen, der sich öffnenden Rose.

Der Wald ist aber zu jeder Jahreszeit der Schöpfung Meisterstück!

Was gleicht dem neu grünenden Walde im Frühjahr?
Was im Laubwalde dem vollen kühlenden Blätterdach? und
Dem duftenden, nervenstärkenden Nadelwald im Sommer?
Was der wechselnden Farbenpracht der Blätter im Herbste?
und wenn die Erde erstarrt,
Was den mannigfachen Bildern einer beschneiten Waldlandschaft?
Und dem Kristallpalast eines mit Eis überkleideten Hochwaldes im Winter?

Man kann zwar die Wirtschaftsführung im Walde, welche ihrem Wesen nach in erster Linie greifbare Erfolge erzielen soll, nicht nach dem Kunstsinne von Schönheitsrichtern leiten, aber ein nach forstwirtschaftlichen Regeln gut behandelter Wald wird ohnehin eine vielgestaltete erfreuliche Abwechselung für jedermann bieten.

Ein einzelner Forstort, der als Plänterwald bewirtschaftet wird, kann mit seinen Altersunterschieden auf einer gegebenen Fläche als schön gelten, aber ein ganzer Forst mit diesem Bilde wird wahrscheinlich eintönig erscheinen, dagegen wird ein häufiger Flächenwechsel mit jungen bis alten Beständen, wie ihn die regelrechte Wirtschaft herbeiführt, einen viel zufriedenstellenderen Anblick und Eindruck schaffen.

Auch bei Leitung der Wege soll die Schönheitspflege nicht außer acht gelassen werden. Gerade im gebirgigen Waldgelände bietet sich vielfach Gelegenheit, den Schönheitssinn zu wecken und zu pflegen und damit auch die Liebe zum Walde zu erhalten und immer mehr zu fördern.

Bei Anlage der Wege in steilem und mit Felsen wechselndem Gelände lassen sich dieselben an Felsvorsprüngen vorbei, unter und über diesen herleiten, wodurch die schönsten Aussichtspunkte aufgeschlossen werden können. Auch seltene Naturgebilde und sonstige beachtenswerte Orte können zugänglich gemacht werden.

An scharfen Biegungen sind ohnehin die Fahrbahnen meistens ins Feste zu legen, um die erforderlichen Halbmesser der Krümmungen auszuformen oder Ausweiche- und Drehstellen zu schaffen, die gerade an diesen Punkten sehr erwünscht sind.

Auch statt unregelmäßiger Krümmungen, die das Auge beleidigen, kann man gefällige Bogenlinien ausbauen.

Wenn bei der Anlage und dem Ausbau der Wegenetze im Laufe der Zeit in den gedachten Fällen auch etwas mehr geschehen muß, als zur einfachen Wegbarmachung unbedingt erforderlich ist, so wird die Pflicht, auch dem Schönheitssinne im deutschen Walde gerecht zu werden, geringe Mehrausgaben rechtfertigen.

Um die besprochenen unschönen Ausführungen im Walde, welche noch vielfach der Formvollendung entbehren, das geübte Auge vermissen lassen, überhaupt der Ordnung widersprechen und dadurch die Waldschönheit beeinträchtigen, mit der Zeit zu beseitigen, ist bezüglich der Ausführung der am meisten im Walde sich bewegende Förster berufen; ihm darf in seinem Dienstkreis kein schöner Punkt, kein beachtenswerter

Gegenstand verborgen, aber ebensowenig ein vorliegender Mangel unentdeckt bleiben.

Vielfach haben bisher über die einzelnen Arbeiten genügende Vorschriften gefehlt, oft auch dem Förster bei dem seitherigen Ausbildungsgang die zur Ausführung erforderliche Kenntnis[1]).

Häufig fehlt auch im Leben die richtige Liebe und die volle Hingabe zu dem ergriffenen Beruf.

Freude und Liebhabersinn an dem Beruf ist die mächtigste Triebfeder!

Ein bei der Wahl des Berufes gemachter Fehler läßt den rechten Diensteifer nicht aufkommen und führt schließlich zu der Rolle eines sog. Brotgeigers.

Der Försterstand ist vor diesem Fehler am meisten bewahrt.

Mancher, der auch ohne besondere Überlegung und Erwägung sich diesem Berufe hingegeben hat, oder durch Verhältnisse verschiedener Art dazu bestimmt worden ist, wird schon durch den ständigen Aufenthalt im Freien und gerade in der kräftigenden Waldluft aus der damit

---

[1]) Wie oft haben mir ältere Förster während der Unterrichtung der Lehrlinge zur Försterlaufbahn, welche im Alter von 14 bis 20 Jahren gegen mäßige Geldvergütung bei den Arbeiten der Taxations-Kommission in Hessen-Nassau und Trier angenommen werden konnten, gesagt: „Wie freudig hätten wir diese Unterweisungen begrüßt, wenn sie uns s. Z. in diesem Alter hätten geboten werden können!"

Auch heute noch könnten sämtliche Lehrlinge in der Zeit vom 14. Jahr bis zum Eintritt ins Jägerkorps mindestens 2 Jahre bei den Forsteinrichtungsarbeiten, jeder im nächsten Bezirk, beschäftigt werden. Sie könnten das Geld, welches die ohnehin unentbehrlichen Hilfskräfte kosten, verdienen und würden mit Arbeiten bekannt, die ihnen in ihrem Berufe nicht fremd bleiben dürfen; sind im Walde und unter steter Aufsicht von Fachgenossen.

Der gegenwärtig viel besprochene Ausbildungsgang der Preußischen Förster gehört zu den noch zu lösenden Hauptfragen. Meines Erachtens dürfte ausgiebige Volksschulbildung mit guter Note in der Dezimal-Bruchrechnung unter allen Umständen genügen. Sodann ist ein planmäßiger Unterricht in der einfachen Flächen- und Körperberechnung, Kenntnis der deutschen Holzarten, die für den Beruf als Förster erforderlichen Regeln in Waldbau, Forstbenutzung und Waldwegebau, Kenntnis der schädlichen Forstinsekten in einer Försterschule binnen 1 Jahr unbedingt geboten. Wer die Prüfung über diese Vorträge nicht besteht, darf sie, nach 1/2 oder 1 jährigem Nachbesuch der Anstalt, noch einmal versuchen. Außerdem *ständige fachliche* Beschäftigung zwischen Volksschule und Militärzeit im Walde bei einem Oberförster und Förster.

Verschiedene Kundgebungen in dieser Frage, selbst aus dem eigenen Lager sind geradezu unverständlich! Es muß dem Försterstande möglich gemacht werden, daß er seine Söhne zu seinem Fache genügend ausbilden lassen kann, ohne die weiblichen Kinder dadurch benachteiligen zu müssen.

zusammenhängenden Gesundheitsbefestigung Liebe zu diesem Berufe gewinnen, dies um so sicherer, wenn er erst erkannt hat, daß Gesundheit der höchste Schatz des irdischen Daseins ist.

Auch das Überhalten einzelner forstlich schön geformter starker Bäume, etwa eine weitere Umtriebszeit, oder doch so lange sie vollständig gesund bleiben, ist eine schöne Sitte, um „die Naturkraft an ihnen bewundern zu können, aber sobald der Gebrauchswert sinken will, sind sie ihrer Bestimmung nicht länger zu entziehen.

Die ganz allein von der Natur ausgeformten, malerisch schönen Bäume muß man in den Parks aufsuchen!

Ich schließe mich hierbei der Ansicht Krafts[1]) an: „von dem Begriffe schön ist die Gesundheit unzertrennlich; ästhetisch häßlich ist alles, was den Eindruck des Siechtums macht."

1) Dankelmannsche Zeitschrift, Juliheft 1895.

Anhang.

Eine Wasserstudie im Walde!

Das Förstergehöfte des Schutzbezirks Klink, der Oberförsterei Wadern, Regierungsbezirk Trier, liegt auf dem südlichsten Hochwaldrücken zwischen der Saar und der Prims 500 m hoch an dem nordwestlichen Abhang des 700 m hohen Rückens in einer flachen Geländefalte, welche nur bis 550 m hoch erkennbar ist.

Das dazu gehörige, ziemlich abgerundete Feld und Wiesengelände nebst Wohnhaus nahm früher eine Fläche von 2,39 ha ein, welche bis auf 100 m auf der Nordwestseite von Wald eingeschlossen war. Auf dieser Nordwestseite begrenzt das Dienstland der Landweg nach dem Dorfe Waldweiler, auf der Südwestseite führte zwischen dem Gehöfte und dem Wald der Landweg nach Steinberg. Die Nähe des Waldes, 15 m vom Wohnhaus entfernt, schädigte dieses empfindlich; ohnehin alt und schlecht gebaut, war es feucht und ungesund, auch Feld und Wiesen blieben im Ertrag zurück.

Ein Brunnen im Keller diente der Wasserversorgung.

250 m südlich von diesem Gehöfte entfernt und höher liegend, traten in der Geländefalte Quellen zutage, die in ihrer tiefsten Linie einen Wasserlauf ausgewaschen haben, welcher auf der Ostseite teilweise die Grenze zwischen Wald und Dienstland bildet.

Auf rechter Seite dieses Wasserlaufes ist das Gelände feucht, teils naß und bruchig, links dagegen mehr trocken.

Oberhalb der Quellen ist der nordwestliche Hang meist trocken, so daß die Quellen vielfach im Sommer versagten, aber trotzdem ist gerade diese kurze, schwache Geländeeinsenkung zeitweise der Ausweg starker Wassermengen gewesen, welche in der Nähe der Quellen schon erhebliche Auskolkungen und starken Bodenraub verursacht haben.

Für den Forsteinrichter ein kleiner interessanter Vorwurf!

Das in Betracht kommende Sammelgebiet ist 1,8 qkm groß, hat eine Geländeneigung bis 12 %; auf der Nordwestseite sammelt sich bei der Höhenlage bis 700 m der Schnee oft längere Zeit an, wodurch bei warmem Wind und Regen die verfilzten Flächen der alten Buchenbestände die rasche Bewegung der Wassermassen begünstigten.

Gelegentlich der Wegenetzlegung und wirtschaftlichen Einteilung des Bezirks wurden zunächst zum Zwecke der Wasserfesthaltung in dem gedachten Sammelgebiet zufällige kleine Geländeverflachungen, geeignete Stellen in alten verlassenen Wegen und sonstige Bodeneinsenkungen aufgesucht, diese erweitert und vertieft, um das Wasser zu sammeln und aufzuhalten, seinen Ablauf zu verlangsamen und das Eindringen in den Boden zu begünstigen.

Im nächsten Frühjahr, bei einem sehr raschen Schneeabgang, ließ sich ein gewisser Erfolg zwar erkennen, aber ganz besonders im folgenden Sommer die größere Ergiebigkeit und Nachhaltigkeit der Quellen feststellen.

Zur vollständigen Beseitigung der immer noch drohenden Wassergefahr wurden für die kommenden Jahre folgende wünschenswerte und auch gebotene Ausführungen geplant und nach und nach ausgebaut.

1. Die Flächenerweiterung des Gehöftes und die Abgrenzung durch einen nach den Quellen führenden Weg,
2. die Anlage eines Teiches unterhalb der Quellen zum Schutze des heutigen und des künftigen Dienstlandes,
3. die Herstellung eines Schutzgrabens oberhalb der Quellen und seine Fortführung durch die Abteilung 185,
4. die Vereinigung und Fassung der Quellen in einer Wasserstube und die Leitung des Quellwassers in die Küche des Forsthauses, auch die Leitung des Wassers aus dem Teiche zur zeitweisen Bewässerung der Wiesen.

Zu 1. Die erfolgte Abgrenzung von dem Punkte — a — des Waldweges nach den Quellen stellt die Tafel 12 dar. Einen größeren Zuschnitt von Waldboden, als erfolgt ist, erlaubten die örtlichen Verhältnisse nicht, weil der neue Grenzweg nur fallend, wenn auch nur mit 0,5 %, geführt werden mußte; dann eignete sich das Gelände, was man noch hätte zulegen können, nicht für Wiesen, deren Vergrößerung nur in Frage kam. Im weiteren wurde die Zurückschiebung des Waldes vom Wohnhaus ziemlich erreicht, indem statt der früheren Entfernung von 15 m, eine solche von 63 m durch diese Umgestaltung erzielt worden ist.

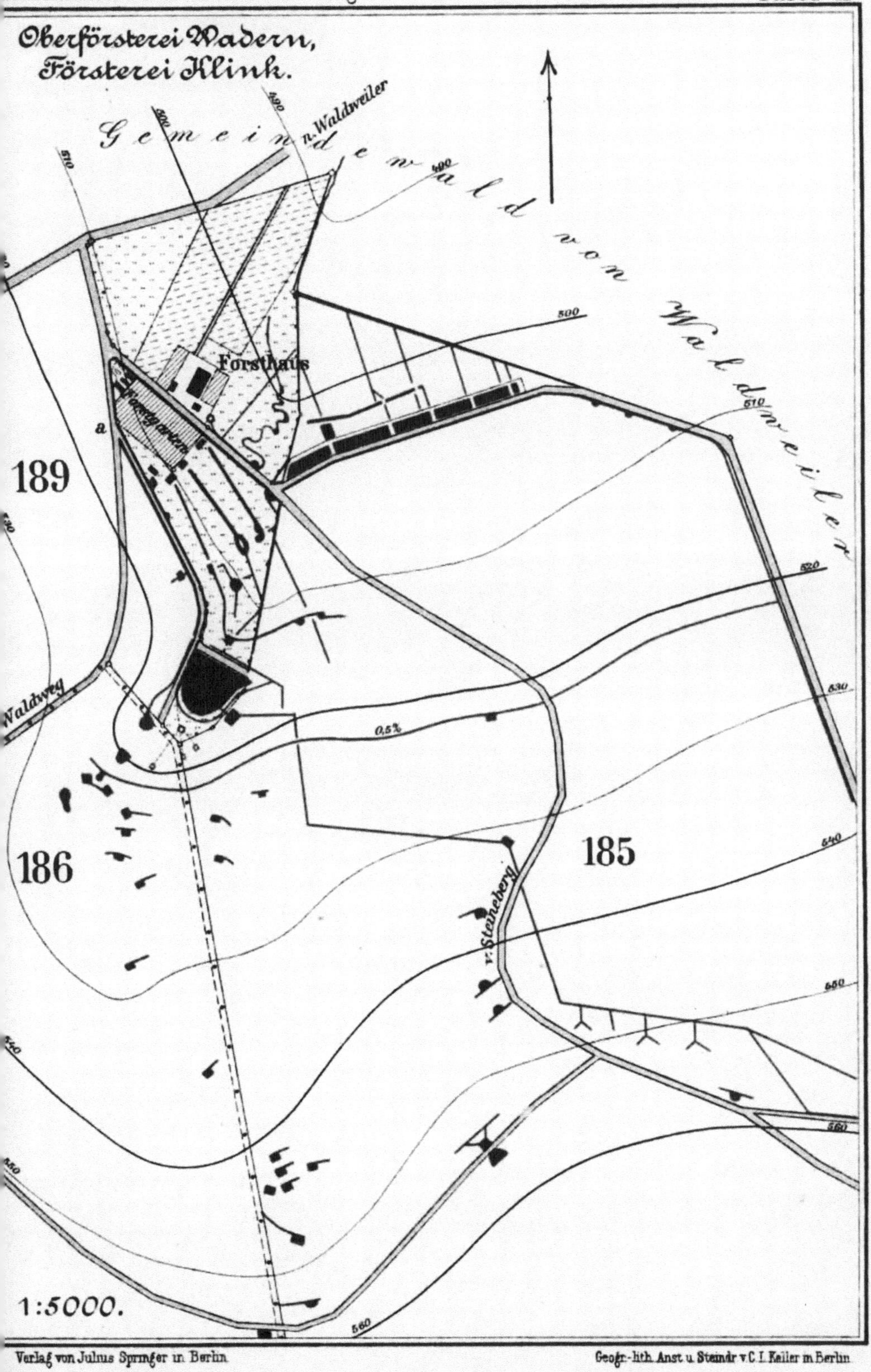

Oberförsterei Wadern, Försterei Klink.

Gemeindewald von Waldweiler

n. Waldweiler

Forsthaus

a

189

186

185

Waldweg

v. Steineberg

0,5%

1:5000.

Verlag von Julius Springer in Berlin

Geogr.-lith. Anst u. Steindr v. C. L. Keller in Berlin

Zu 2. Die Fläche des heutigen Teiches und seine nächste Umgebung der einzelnen zutage tretenden Quellen war versumpft. Erst durch die Untersuchung des Untergrundes war der Wert der Quellen festzustellen. Durch einen, etwa 1,5 m breiten, bis zum Urboden reichenden Graben, in der Lage der tiefsten Geländelinie, wurde die Beschaffenheit des seit Jahrhunderten angeschwemmten Bodens erkannt, und dieser auch dadurch zur Bearbeitung genügend entwässert. Für die Teichanlage war es besonders wissenswert zu erfahren, wie tief der Urboden lag. Auf eine Anschwemmungsschichte aus Moorboden oder Sand und Geschiebe läßt sich ein dichter, haltbarer Teichdamm in fallendem Gelände nicht ausführen. Es mußte nun erst die geeignetste Lage des Dammes bestimmt und dann im rechten Winkel auf die tiefste Geländelinie die Grundlage im Urboden genügend breit, etwa 1,5 bis 2 m, ausgehoben werden. Wie tief dieses Ausheben der Grundsohle im Urboden zu geschehen hat, hängt von dessen Bindigkeit ab, in festem und strengem Boden genügen in der Regel 20 bis 30 cm.

Da, wo tonhaltige oder lehmige Erde zur Hand liegt, ist die Herstellung eines Teichdammes eine einfache Sache, wo aber, wie hier, ein solcher bei dem Mangel an schwerem, bindigem Boden ausgeführt werden soll, ist mindestens dafür zu sorgen, daß in der Mitte des Dammes eine 1,5 bis 2 m breite undurchlassende Erdschichte von der ausgehobenen Grundsohle bis zur Dammhöhe, durch öfteres Stampfen gedichtet, geschaffen wird.

Der als Rechteck geformte Grundkanal wurde von Eichenkernholz in Bohlenstärke von 5 cm und $^{15}/_{20}$ cm lichter Weite gefertigt und so eingebettet, daß er bei zweifacher Böschung des Dammes auf der Teichseite etwa 1 m lang ins Wasser reicht und mit seiner breiteren Oberfläche in gleicher Höhe mit der Teichsohle zu liegen kam. Die Öffnung zum Abfluß des Wassers ist auf der Oberseite des Kanals und zwar auf dem in das Wasser reichenden Ende in gleichem Maße mit der lichten Weite quadratisch ausgemeißelt.

Der Verschluß aus Holz von gleicher Stärke, genau schließend, an der Dammseite mit zwei ledernen Gelenkbändern befestigt, auf der Teichseite mit einem eisernen Haken versehen, hindert den Abfluß des Wassers und wird mit einem an einer eisernen Stange angebrachten Haken zum Ablaß geöffnet[1]). (Fig. 15.)

---

1) Aus meinen „Beiträge zur Pflege der Bodenwirtschaft", Berlin bei Jul. Springer 1883, ist Seite 82 Näheres über Teichverschlüsse zu finden.

Die Krone des Dammes ist 5 m breit, die Teichseite mit zweifacher, die Außenseite mit 6/4 Böschung angelegt, sie bildet eine Fortsetzung des in „zu 1" besprochenen Grenzweges. Zum ständigen Abfluß des überschüssigen Wassers und zur Sicherheit des Dammes sind auf der rechten Seite, Abteilung 185, kurze Holzkanäle mit einer lichten Weite von 20/25 cm in das feste Erdreich, den gewachsenen Boden eingelegt und zwar in der Höhe, welche mit dem zu haltenden Wasserspiegel im Einklang steht.

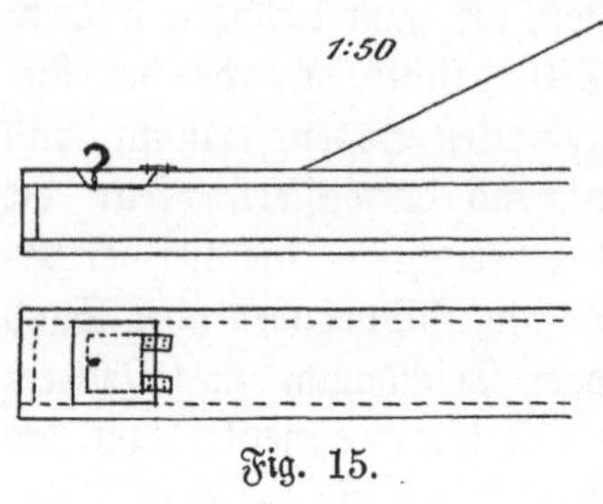

Fig. 15.

Zu 3. Um den Waldboden und den Bering des Gehöftes dauernd vor Wasserbeschädigungen zu bewahren, wurde die Anlage eines 2,5 m breiten Grabens mit einer Neigung von 0,5 % in der auf der Karte angedeuteten Lage ausgeführt, welcher genügend erachtet wurde, nach dem Ausbau des neuen Wegenetzes usw., die der Geländefalte noch zufließenden Wassermengen in ruhigem Laufe fortzuführen.

Die Abteilung 185 reicht mit ihren westlichen und südlichen Flächen in das im angrenzenden Gemeindewald liegende Quellgebiet. Die Versumpfung der Fläche im unteren Teil erstreckt sich unmittelbar bis an den Teich, und unsere mehrgedachten Quellen scheinen noch in Verbindung mit der jenseitigen Wasserbewegung zu stehen. Der ausgeführte Graben hat daher eine doppelte Bedeutung, indem er die unterhalb liegende Fläche vor zu großer Feuchtigkeit bewahrt, auch dem oberhalb ihm liegenden Gelände den Überschuß an Nässe entzieht und alles vor von ihm auf der ganzen Strecke aufgenommene Wasser durch die Abteilung 185 ableitet. Eine Unterführung durch den Straßenkörper geschah mittelst Zementröhren von 50 cm lichter Weite. Außerdem ist durch richtige Verteilung seiner Aushubmasse seitlich eine trockene Bahn zur Abfahrt des Holzes geschaffen worden.

Zu 4. Durch die Ausschachtung des Teiches konnte man schon auf die Tieflage des Bodens unter den dicht oberhalb desselben zutage tretenden Quellen einigermaßen schließen. Durch Nachgraben im Sommer traf man in einer Tiefe von etwa 2 m eine ziemlich feste, sandige Schichte an, auf der 10 bis 30 m voneinander entfernt, drei Quellen aufgedeckt wurden.

Nach einer Beobachtungszeit von einigen Wochen wurden die

Quellen durch geringes Eingraben in die feste Erdschichte mit gewöhnlichen Sammelröhren aus Ton in eine Brunnenstube eingeführt, und diese aus Ziegelsteinen und aus Mauerwerk mit guten Steinen errichtet, welches in dem oberen Teil mit behauenen Werksteinen abgedeckt und mit einem Deckel von Eisenblech geschlossen wurde.

Hierauf kam auch die Wasserleitung in das Forsthaus zur Ausführung und zuletzt wurden zum Abfluß des Wassers für die Wiesenbewässerung auf linker Seite des Teichdammes (Abteilung 189) Abflußvorrichtungen hergestellt. Zur Weiterleitung dient der untere Graben des gering geneigten Grenzweges gegen Abteilung 189 und eine Unterführung durch den Weg nach Steinberg.

Für eine unentbehrliche Ausfahrt des Grenzweges der Abteilung 185 gegen den Gemeindewald von Waldweiler war bei der Wegenetzlegung der gegebene Punkt die südliche Spitze des alten Dienstlandes. Wie die Karte erkennen läßt, schneidet diese mit 0 Prozent angelegte Ausfahrt im Norden von der Abteilung 185 ein Dreieck ab, welches aus so bruchigem, moorigem Boden bestand, daß der Holzanbau darauf versagte, welcher aber für Wegebau noch weniger taugte.

Nur durch den Aushub größerer Erdmassen war ein einigermaßen haltbarer Weg herzustellen; das brachte den Gedanken zur Ausführung, seitlich der abgesteckten Weglinie die jetzigen fünf Teiche auszuheben, den zum Wegebau untauglichen Boden auf die Talseite zu bringen, den sandigen Untergrund zum Wegebau zu verwenden.

Diese fünf Teiche in ebener Lage können von den zwei Seiten ihrer Längsausdehnung mit verschiedenem Wasser, teils aus dem Staatswalde, andererseits aus dem Gemeindewald kommend, auch in der Weise gespeist werden, daß das eingeleitete Wasser den Weg durch alle Teiche nimmt, es kann aber auch aus allen unmittelbar abgelassen werden, was ihre Benutzung zur Fischzucht wertvoller macht.

Daß man bei diesen Wassermengen und besonders nach der vollzogenen Regelung ihres Verlaufes an die Einrichtung einer Brutanstalt für Salmoniden dachte, wird nicht befremden.

Aus den Mitteln für Hebung der Fischzucht im Walde war in kurzer Zeit eine Vorrichtung zum Reinigen des Wassers hergestellt und durch eine Verbindung der Wasserleitung des Wohnhauses mit dem nahen seitlich belegenen Backhaus, bezw. mit dem Nebenraum desselben, war bald die Brutanstalt geschaffen.

Der Nebenraum des Backhauses grenzt unmittelbar an die alten Dienstwiesen, wodurch das aus dem Bruthause abfließende Wasser nochmal zu doppelter Verwendung kam. Mit etwa 15 cm breiten, ganz flachen Gräbchen mit sehr geringem Falle und häufigen Windungen, auch einzelnen kleinen Tümpeln von 1 m Durchmesser wurden sogen. Aufzuchtgräbchen für die junge Fischbrut, sobald die Dotterblase am Verschwinden war, hergerichtet, wodurch auch gleichzeitig die Wiesen durch ständige, mäßige Feuchtigkeit zu höherem Ertrag gebracht wurden.

Von dem „zu 1" erwähnten Geländezuschnitt wurde zunächst ein Saat- und Pflanzkamp mit Obstbaumschule hergestellt, letztere deshalb, um gerade in der Hochlage von 500 m die für die hochbelegenen Gehöfte passenden, namentlich spätblühenden Obstsorten selbst zu erziehen. Auch drei Behälter mit durchfließendem Wasser konnten zu verschiedenen Zwecken hergerichtet werden, einmal zum Begießen des Kampes bei trockenem Wetter, dann zur Trennung der Fische nach dem Geschlecht in der Laichzeit, auch zur Beobachtung eingefangener Fische vor dem Einsetzen in die Teiche, dann zum getrennten Aufheben ungleich starker Fische, auch für sogen. Küchenteiche usw.

Leider fanden sich in der an den alten Wasserlauf grenzenden Restfläche viele Steine, durch die früheren öfteren Überschwemmungen war die obere Bodenschichte sehr verringert worden, ein für Anlage von Wiesen großes Erschwernis. Dieses Mißgeschick wurde dadurch ausgeglichen, indem anfangs die Steine zu den Wegbauten ausgehoben und später die Fläche mit wagerechten 2 m breiten Gräben durchzogen wurden, mit deren Aushub die fehlende Erde für die zu Wiese bestimmten Zwischenräume gewonnen worden ist. Die neuen Wassergräben erleichterten aber die Aufzucht der Fische.

Durch Mühe, Arbeit und guten Willen aller bei der Ausführung Beteiligten ist aus dem im Walde versteckten Forstgehöfte:

ein friedliches Waldbild,
ein Urbild von Waldschönheit geschaffen worden.

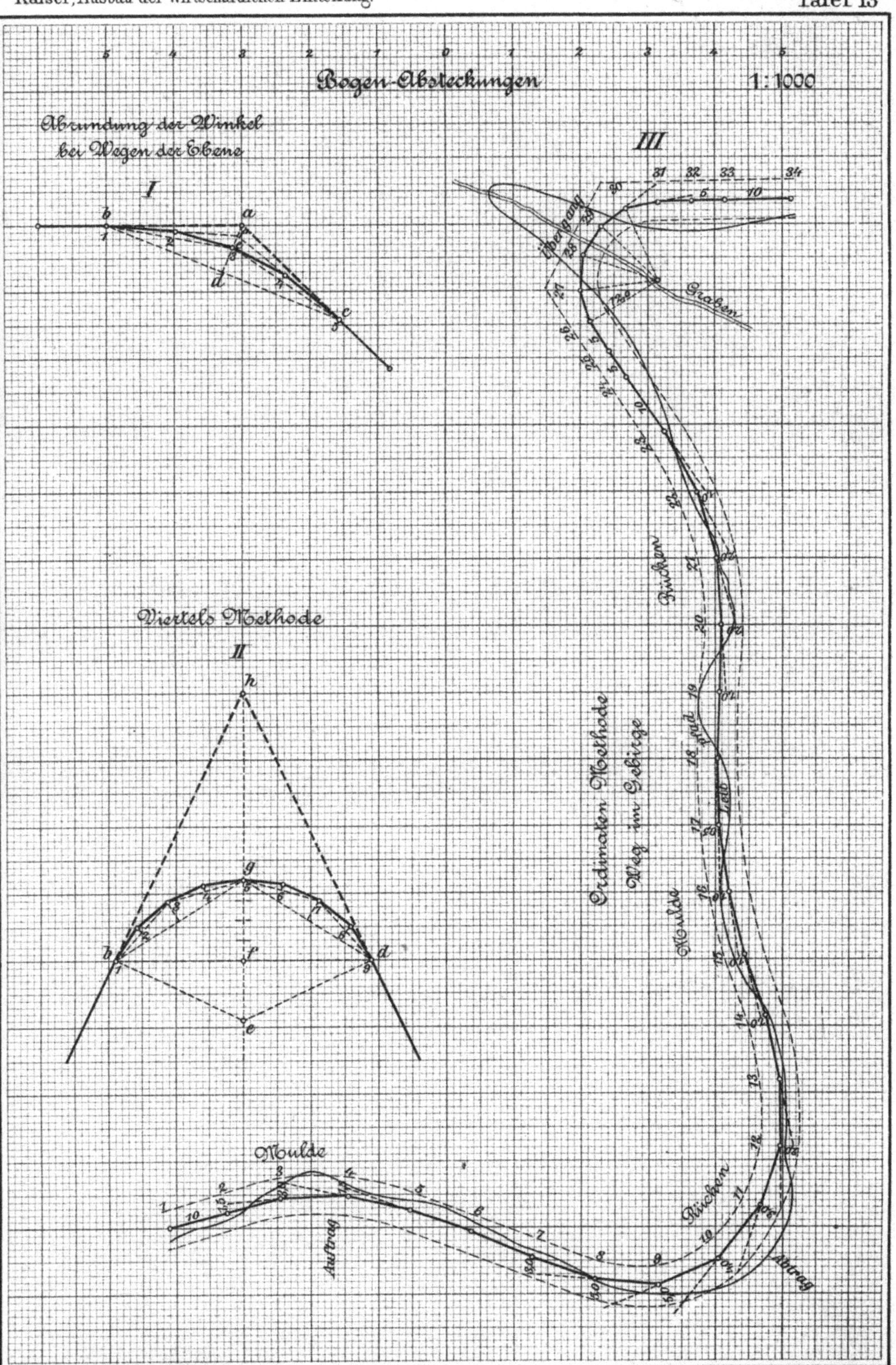

Verlag von Julius Springer in Berlin.
Geogr.-lith. Anst. u. Steindr. v. C. L. Keller in Berlin.

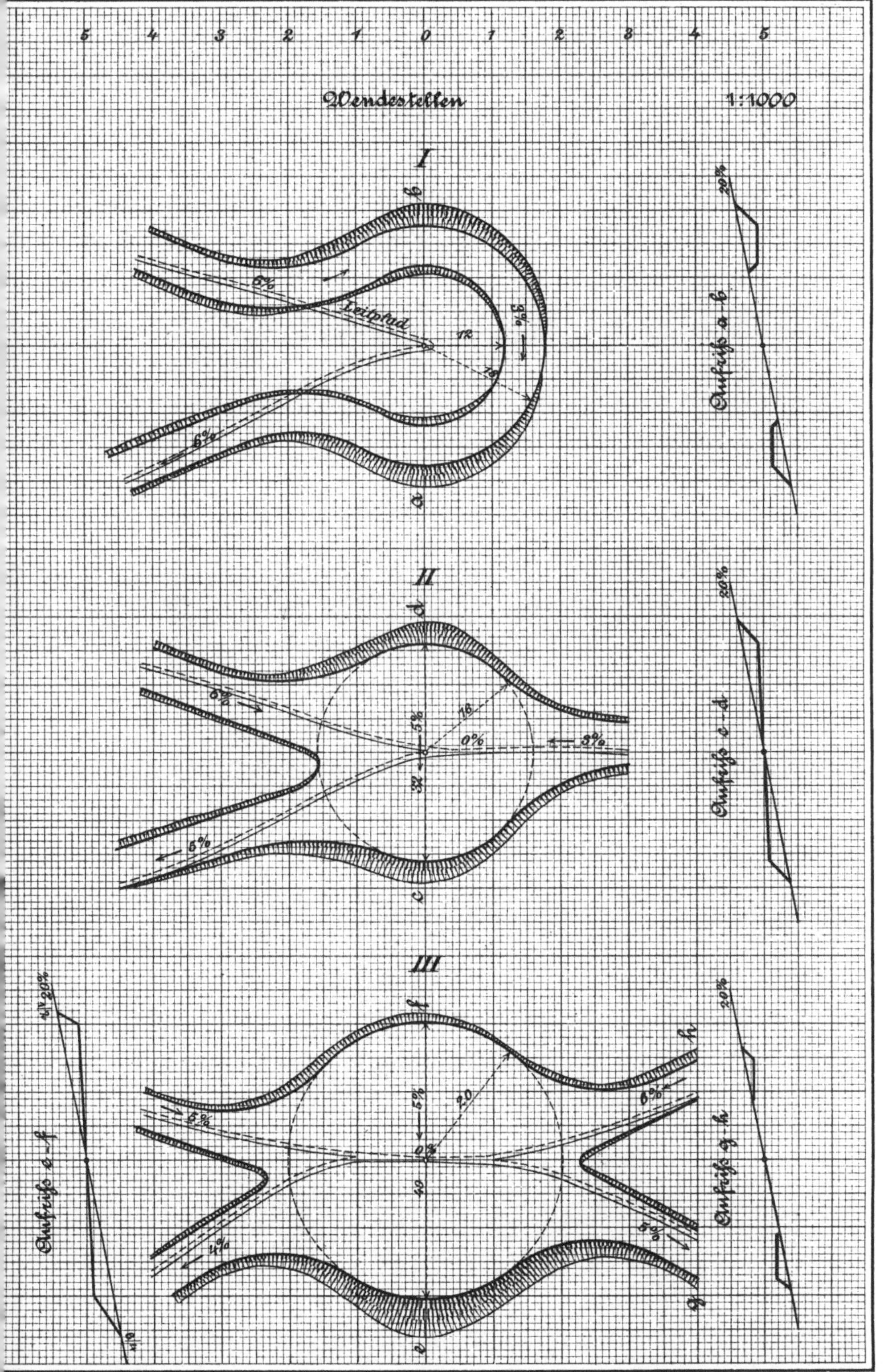

erlag von Julius Springer in Berlin. Geogr.-lith. Anst. u. Steindr. v. C. L. Keller in Berlin.

Über Wendestellen und Abrundungen.

Die Wegkrümmungen sind in der „Wirtschaftlichen Einteilung der Forsten, Abschnitt V 2" zur Genüge behandelt. Für die ausführenden Beamten sind auf den beiden Tafeln 13 und 14 noch einige Zeichnungen von Wendestellen und Bogenabsteckungen beigefügt.

Weil die Abrundung der Abteilungsflächen nur für solche Fälle gezeigt ist, in denen die Einmündung der Schneisen auf die Wege in einem rechten Winkel (90 Grad) erfolgt, ist eine Zusammenstellung beigegeben,

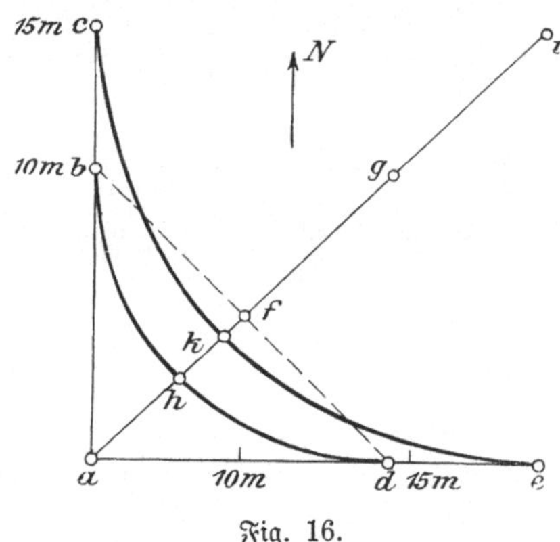

Fig. 16.

aus der die Maße zur Absteckung einer Abrundung bei Winkeln von 60 bis 130 Graden für Halbmesser mit 10 und 15 Meter bezw. mit 14,5 und 19,5 m zu entnehmen sind.

In der Zeichnung 16 stellen die Linien ac und ae die beiden Grenzen der Ecken der Abteilungsflächen dar, welche abgerundet werden sollen, und zwar die Grenze zwischen Waldfläche und Weg- oder

Schneisenfläche. ab und ad sind 10 m, ac und ae sind 15 m lang. f ist die Mitte der Linie bd. Durch die Linie ai wird der Winkel cae in zwei gleiche Teile geteilt. g ist der Mittelpunkt des Kreisbogens bhd, i der Mittelpunkt des Kreisbogens cke.

Bei der Ab- und Zunahme des rechten Winkels — hier um 10 Grad — verändern sich die Mittelpunkte g und i, die Bogen-Mittepunkte h und k, und die Linien ab und ad, sowie die Linien ac und ae. Die beiden letzten Paare in je gleichen Maßen.

In der gedachten Zusammenstellung sind die Zahlen für die Winkel von 60 bis 130 Grad angegeben, bei Winkeln von 65, 75 usw. Grad genügt es, aus den beiden runden Zahlen das Mittel zu nehmen.

Wenn man bei Wegen und Schneisen die ganze Breite (Krone und Gräben) zu 9 m annimmt, dann wird bei Anwendung des Halbmessers von 10 m auf die Mitte der Wege und Schneisen ein Abrundungs-Halbmesser von 14,5 m, bei der Wahl des Halbmessers von 15 m ein solcher von 19,5 m erzielt.

Die verschiedenen Maße der Winkel entnimmt man am besten aus der Urkarte[1]).

Zusammenstellung.

1	2	3	4	5	6	7
Maß des Winkels	Abstand des Mittelpunktes g von a bei **10 m** Halbmesser	Abstand der Kreisbogenmitte h von der Winkelspitze a	Die Kreisbogenpunkte b und d liegen auf beiden Schenkeln von a	Abstand des Mittelpunktes i von a bei **15 m** Halbmesser	Abstand der Keisbogenmitte k von der Winkelspitze a	Die Kreisbogenpunkte c und e liegen auf beiden Schenkeln von a
Grade	m	m	m	m	m	m
60	20,2	10,2	17,7	—	—	—
70	17,4	7,4	14,2	26,15	11,15	21,5
80	15,6	5,6	12,0	23,3	8,3	17,9
90	14,14	4,14	10,0	21,2	6,2	15,0
100	13,1	3,1	8,7	19,5	4,5	12,6
110	12,6	2,6	7,4	18,3	3,3	10,5
120	12,1	2,1	6,0	17,3	2,3	8,7
130	11,1	1,1	4,6	16,5	1,5	6,9

[1]) Die 3 gegebenen Kreisbogenpunkte verbindet man nach irgend einem Verfahren.

Kgl. Universitätsdruckerei von H. Stürtz, Würzburg.